"Elon Musk: Architetto del Futuro"

"Come l'Innovazione e la Visione di un Genio Stanno Rivoluzionando la Terra e Oltre"

Innovazione Digitale

1. **Introduzione**

   - Breve panoramica su chi è Elon Musk e il suo impatto sul mondo moderno.

2. **Infanzia e Gioventù**

   - Dettagli sulla sua nascita, famiglia, educazione e le prime influenze.

3. **Formazione e Studi**

   - Il percorso educativo di Musk, dalle scuole superiori fino all'università.

4. **Le Prime Imprese**

   - Le sue prime esperienze imprenditoriali, tra cui Zip2 e X.com (che diventerà PayPal).

5. **La Visione di SpaceX**

   - La fondazione di SpaceX, le sfide iniziali e i primi successi.

6. **Tesla e la Rivoluzione dell'Elettrico**

   - L'acquisizione e lo sviluppo di Tesla, l'innovazione nel settore automobilistico e la crescita dell'azienda.

7. **SolarCity e l'Energia Sostenibile**

   - La creazione e l'integrazione di SolarCity in Tesla, il ruolo dell'energia solare.

8. **Hyperloop e il Futuro del Trasporto**

   o La concezione dell'Hyperloop e il suo potenziale impatto sui trasporti globali.

9. **Neuralink e il Futuro della Neuroscienza**

   o Il progetto Neuralink, le sue ambizioni e le implicazioni etiche.

10. **The Boring Company**

   o L'idea dietro The Boring Company e i progetti di infrastrutture per il trasporto sotterraneo.

11. **Intelligenza Artificiale e OpenAI**

   o Il coinvolgimento di Musk nell'IA, le preoccupazioni etiche e il ruolo di OpenAI.

12. **Progetti Filantropici**

   o Le attività filantropiche di Musk, inclusi i contributi alla ricerca e all'educazione.

13. **Controversie e Critiche**

   o Le principali controversie che hanno coinvolto Musk, le critiche ricevute e le sue risposte.

14. **Vita Personale**

   o Aspetti della vita privata di Musk, incluse le relazioni personali e familiari.

15. **Leadership e Stile di Management**

1. Introduzione Breve panoramica su chi è Elon Musk e il suo impatto sul mondo moderno.

Introduzione

Elon Musk è una delle figure più influenti e innovative del XXI secolo. Nato in Sudafrica nel 1971, è diventato noto in tutto il mondo per il suo ruolo di imprenditore, inventore e visionario. Musk è il fondatore, CEO e lead designer di SpaceX; CEO e product architect di Tesla, Inc.; fondatore di The Boring Company; co-fondatore di Neuralink; e co-fondatore e inizialmente co-presidente di OpenAI. La sua carriera è caratterizzata da una serie di successi straordinari che hanno rivoluzionato diversi settori, dall'industria automobilistica all'esplorazione spaziale, passando per l'energia sostenibile e l'intelligenza artificiale.

Musk è nato a Pretoria, in Sudafrica, e ha dimostrato fin da giovane una grande passione per la tecnologia e l'innovazione. Dopo aver completato gli studi in Canada e negli Stati Uniti, ha iniziato la sua carriera imprenditoriale fondando Zip2, una società di software per guide urbane, che ha venduto per quasi 300 milioni di dollari. Questo è stato solo l'inizio di una serie di iniziative che hanno sfidato e ridefinito i confini delle tecnologie esistenti.

Il suo impatto sul mondo moderno è vasto e diversificato. Con SpaceX, Musk ha reso i viaggi spaziali più accessibili e ha stabilito l'obiettivo ambizioso di colonizzare Marte. Tesla ha trasformato l'industria automobilistica, promuovendo veicoli elettrici come una soluzione pratica e sostenibile ai problemi di inquinamento e dipendenza dai combustibili fossili. Attraverso SolarCity e le iniziative di Tesla nel campo dell'energia solare, Musk ha promosso l'adozione di energie rinnovabili su larga scala.

Musk è anche un sostenitore dell'intelligenza artificiale sicura, attraverso la sua co-fondazione di OpenAI, e della neurotecnologia avanzata con Neuralink, che mira a sviluppare interfacce cervello-computer per migliorare la vita umana e affrontare malattie neurologiche.

Il percorso di Elon Musk è costellato di sfide, controversie e successi straordinari. La sua visione del futuro, caratterizzata da un mix di pragmatismo e fantascienza, continua a ispirare milioni di persone in tutto il mondo. Questo libro esplorerà la vita, le imprese e l'influenza di Elon Musk, offrendo una panoramica completa di uno degli uomini più innovativi e influenti del nostro tempo.

Elon Musk è una figura emblematica del nostro tempo, un visionario capace di trasformare idee ambiziose in realtà concrete. Nato il 28 giugno 1971 a Pretoria, in Sudafrica, Musk ha dimostrato sin da giovane un'intelligenza fuori dal comune e un'incredibile passione per la tecnologia. Figlio di un ingegnere elettromeccanico e di una modella e dietologa, ha avuto un'infanzia caratterizzata da un grande amore per la lettura e l'informatica. All'età di 10 anni, ha ricevuto il suo primo computer, un Commodore VIC-20, e ha imparato a programmare da autodidatta, vendendo il suo primo software, un videogioco chiamato Blastar, a soli 12 anni.

Musk ha frequentato la Pretoria Boys High School prima di trasferirsi in Canada, all'età di 17 anni, per evitare il servizio militare obbligatorio in Sudafrica e per avere maggiori opportunità di crescita. Si iscrisse alla Queen's University di Kingston, Ontario, e successivamente si trasferì alla University of Pennsylvania, dove conseguì due lauree, una in fisica e l'altra in economia presso la Wharton School. Questo periodo fu cruciale per la sua formazione, poiché combinò la teoria scientifica con le competenze economiche, preparando il terreno per le sue future imprese.

Dopo l'università, Musk si trasferì in California per un dottorato in fisica applicata e scienza dei materiali alla Stanford University. Tuttavia, abbandonò il programma dopo appena due giorni per lanciarsi nel mondo delle startup durante il boom di Internet degli anni '90. La sua prima impresa, Zip2, una guida urbana online per giornali, fu venduta a Compaq per quasi 300 milioni di dollari nel 1999. Questo successo iniziale gli fornì il capitale necessario per fondare X.com, una società di servizi finanziari online che successivamente divenne PayPal dopo una fusione. Nel 2002, eBay acquistò PayPal per 1,5 miliardi di dollari in azioni, consolidando la posizione di Musk come uno degli imprenditori più promettenti della Silicon Valley.

Con i fondi ottenuti dalla vendita di PayPal, Musk intraprese nuove avventure ancora più audaci. Fondò Space Exploration Technologies Corp., meglio conosciuta come SpaceX, nel 2002. La missione di SpaceX era chiara e ambiziosa: ridurre i costi dei viaggi spaziali per rendere possibile la colonizzazione di Marte. SpaceX ha raggiunto una serie di traguardi storici, tra cui il primo razzo a combustibile liquido di un'azienda privata a raggiungere l'orbita (Falcon 1 nel 2008), il primo veicolo spaziale privato a raggiungere la Stazione Spaziale Internazionale (Dragon nel 2012) e il primo razzo riutilizzabile (Falcon 9). L'innovazione e l'efficienza di SpaceX hanno rivoluzionato l'industria spaziale, riducendo drasticamente i costi di lancio e aprendo nuove opportunità per l'esplorazione spaziale.

Nel 2004, Musk si unì a Tesla Motors, Inc. (ora Tesla, Inc.) come presidente del consiglio di amministrazione e principale finanziatore. Tesla mirava a sviluppare veicoli elettrici ad alte prestazioni per un mercato di massa, sfidando l'industria automobilistica tradizionale e promuovendo la sostenibilità. Sotto la guida di Musk, Tesla ha introdotto una serie di modelli rivoluzionari, tra cui la Roadster, la Model S, la Model X, la Model 3 e la Model Y. Ogni modello ha spinto avanti i confini della tecnologia dei veicoli elettrici, migliorando l'autonomia, le prestazioni e l'accessibilità. Tesla non è solo un produttore di auto elettriche, ma anche un pioniere nell'energia sostenibile, con prodotti come il Powerwall, Powerpack e Solar Roof che mirano a ridurre la dipendenza dai combustibili fossili.

Parallelamente alle sue attività in Tesla e SpaceX, Musk ha fondato SolarCity nel 2006 con i suoi cugini Lyndon e Peter Rive. SolarCity è diventata una delle principali forniture di energia solare negli Stati Uniti, promuovendo l'adozione di energia rinnovabile attraverso installazioni residenziali, commerciali e municipali. Nel 2016, SolarCity è stata acquisita da Tesla, integrando l'energia solare con le soluzioni di stoccaggio energetico di Tesla per creare un ecosistema energetico sostenibile e autosufficiente.

La visione di Musk si estende oltre la Terra e le auto elettriche. Nel 2013, ha proposto il concetto di Hyperloop, un sistema di trasporto ad alta velocità che utilizza capsule magnetiche che viaggiano in tubi a bassa pressione. Sebbene Musk non sia direttamente coinvolto nello sviluppo commerciale dell'Hyperloop, ha ispirato numerose aziende e startup a esplorare questa tecnologia come una soluzione potenziale per ridurre i tempi di viaggio e migliorare la connettività tra le città.

Musk ha anche co-fondato Neuralink nel 2016, un'azienda di neurotecnologia che mira a sviluppare interfacce cervello-computer avanzate. Il progetto ha l'obiettivo di trattare malattie neurologiche e, a lungo termine, di creare una simbiosi tra l'intelligenza umana e quella artificiale. Questo progetto rappresenta una delle sfide più complesse e futuristiche intraprese da

Musk, con implicazioni potenziali immense per la medicina e l'evoluzione umana.

Nel 2017, ha fondato The Boring Company, un'altra iniziativa ambiziosa per migliorare le infrastrutture di trasporto. L'azienda si concentra sulla costruzione di tunnel sotterranei per alleviare il traffico urbano e creare sistemi di trasporto più efficienti. Nonostante lo scetticismo iniziale, The Boring Company ha già completato diversi progetti pilota e continua a sviluppare nuove soluzioni per il trasporto urbano.

Oltre alle sue imprese commerciali, Musk è anche un sostenitore della regolamentazione etica e sicura dell'intelligenza artificiale. Nel 2015, ha co-fondato OpenAI, un'organizzazione di ricerca sull'intelligenza artificiale con l'obiettivo di garantire che l'IA avvantaggi tutta l'umanità. Musk ha espresso preoccupazioni riguardo ai rischi potenziali dell'IA superintelligente, sottolineando l'importanza di sviluppare tecnologie in modo responsabile e trasparente.

L'impatto di Elon Musk sul mondo moderno è innegabile. Le sue iniziative hanno ridefinito interi settori industriali, introdotto innovazioni radicali e ispirato una nuova generazione di imprenditori e innovatori. Con una visione che spazia dall'energia sostenibile alla colonizzazione di altri pianeti, Musk continua a sfidare i limiti del possibile, guidato dalla convinzione che il futuro dell'umanità dipenda dalla nostra capacità di innovare e esplorare. La sua vita e le sue imprese rappresentano una fonte inesauribile di ispirazione e ambizione, mostrando che con coraggio, determinazione e visione, si possono realizzare sogni che sembrano irraggiungibili.

La figura di Elon Musk non è solo quella di un imprenditore di successo, ma anche quella di un innovatore la cui influenza si estende a molteplici settori. La sua capacità di identificare problemi globali e di proporre soluzioni tecnologiche avanzate ha fatto di lui una delle persone più seguite e discusse del nostro tempo. Musk non si accontenta di piccole modifiche incrementali, ma mira a rivoluzioni radicali che cambiano le regole del gioco.

Uno degli aspetti più affascinanti della vita di Musk è il suo approccio alla gestione del rischio e al fallimento. Mentre molti imprenditori vedono il fallimento come un punto finale, Musk lo considera parte integrante del processo di innovazione. SpaceX, ad esempio, ha subito numerosi fallimenti iniziali con i suoi razzi Falcon 1, ma ogni fallimento è stato un'opportunità di apprendimento. Questa resilienza e capacità di recupero hanno permesso a SpaceX di diventare il primo privato a inviare un veicolo spaziale in orbita e poi a riutilizzare razzi, riducendo drasticamente i costi di lancio. Questo approccio al fallimento ha influenzato non solo l'industria aerospaziale, ma anche il modo in cui molte altre aziende affrontano le sfide e l'innovazione.

La personalità di Musk è altrettanto complessa e multidimensionale quanto le sue imprese. È noto per il suo stile di lavoro instancabile, spesso lavorando oltre 100 ore a settimana. Questa dedizione ha portato a critiche e controversie, specialmente riguardo alle condizioni di lavoro nelle sue aziende e al suo stile di leadership autocratico. Tuttavia, molti dipendenti e collaboratori riconoscono che la sua visione e il suo impegno personale sono una fonte di ispirazione e una forza trainante che spinge le squadre oltre i loro limiti.

Un altro elemento distintivo di Musk è la sua capacità di comunicare visioni futuristiche in modo tale da affascinare il pubblico e attirare investitori. Con un seguito massiccio sui social media, in particolare su Twitter, Musk ha utilizzato queste piattaforme non solo per promuovere i suoi prodotti e idee, ma anche per interagire direttamente con il pubblico, rispondere a critiche e svelare nuovi progetti. Questa trasparenza, sebbene a volte controversa, ha costruito un legame unico con il pubblico, rendendolo non solo un imprenditore, ma una sorta di celebrità tecnologica.

Il coinvolgimento di Musk nel campo dell'energia sostenibile non si limita a Tesla e SolarCity. Ha anche spinto per una transizione globale verso l'energia rinnovabile attraverso varie iniziative, come il progetto Gigafactory. Queste immense fabbriche, destinate alla produzione di batterie su larga scala, mirano a ridurre i costi delle batterie al litio e a incrementare la produzione di veicoli elettrici e sistemi di stoccaggio energetico. La Gigafactory in Nevada, sviluppata in collaborazione con Panasonic, è uno degli stabilimenti più grandi e avanzati del mondo, simbolo della visione di Musk per un futuro più verde e sostenibile.

Oltre alle sue attività imprenditoriali, Musk ha mostrato un forte interesse per la filosofia e l'etica, specialmente riguardo al futuro dell'intelligenza artificiale. Le sue dichiarazioni su AI e la sua partecipazione a OpenAI riflettono una profonda preoccupazione per i potenziali rischi associati all'IA superintelligente. Musk ha spesso sottolineato la necessità di regolamentare lo sviluppo dell'IA per evitare scenari distopici, dove l'IA potrebbe diventare incontrollabile e minacciare l'umanità. Questa preoccupazione lo ha portato a investire in ricerca che mira a creare IA sicure e benefiche, mettendo in guardia contro un approccio sconsiderato alla tecnologia.

Musk è anche conosciuto per il suo sostegno alla ricerca scientifica e tecnologica, finanziando progetti innovativi e premi per stimolare l'innovazione. Ha contribuito con milioni di dollari a iniziative educative e di ricerca, tra cui borse di studio e premi per la competizione Hyperloop, che sfidano le menti più brillanti del mondo a sviluppare nuovi concetti di trasporto. Questi sforzi dimostrano il suo impegno non solo nel creare nuove tecnologie, ma anche nel coltivare una cultura dell'innovazione e dell'educazione che possa sostenere le future generazioni di scienziati e ingegneri.

Un altro progetto che illustra la portata della visione di Musk è Starlink, una costellazione di satelliti progettata per fornire accesso a internet ad alta velocità in tutto il mondo, anche nelle aree più remote. Starlink non solo mira a ridurre il divario digitale, ma anche a generare entrate significative per finanziare le missioni più ambiziose di SpaceX, come il progetto di colonizzazione di Marte. Questo collegamento tra progetti commerciali e missioni di esplorazione spaziale mostra la capacità unica di Musk di creare sinergie tra le sue diverse imprese per raggiungere obiettivi a lungo termine.

L'interesse di Musk per l'esplorazione spaziale non si limita a SpaceX. Ha spesso parlato della necessità di garantire la sopravvivenza a lungo termine dell'umanità attraverso la colonizzazione di altri pianeti. Questa visione, sebbene sembri presa direttamente dalla fantascienza, è supportata da una pianificazione concreta e da investimenti significativi. SpaceX sta sviluppando Starship, un veicolo spaziale completamente riutilizzabile progettato per trasportare umani su Marte e oltre. Starship rappresenta un passo cruciale verso la realizzazione del sogno di Musk di una civiltà multiplanetaria, capace di resistere a eventuali catastrofi che potrebbero colpire la Terra.

Musk ha anche influenzato l'opinione pubblica riguardo alla sostenibilità e alla necessità di innovazione. I suoi discorsi, interviste e apparizioni pubbliche spesso includono messaggi forti sulla crisi climatica, l'importanza dell'energia rinnovabile e la necessità di esplorare nuove frontiere tecnologiche. La sua capacità di comunicare idee complesse in modo accessibile ha aiutato a sensibilizzare l'opinione pubblica e a ispirare azioni concrete da parte di governi, aziende e individui.

Inoltre, Musk ha dimostrato una notevole capacità di attrarre talenti e di costruire team altamente competenti. Le sue aziende sono note per attrarre alcuni dei migliori ingegneri e scienziati del mondo, che sono motivati dalla possibilità di lavorare su progetti che possono avere un impatto significativo sull'umanità. Questo talento per la costruzione di team e per la leadership visionaria è uno degli elementi chiave del suo successo e della capacità delle sue aziende di innovare costantemente.

Musk è anche un personaggio che suscita opinioni forti e contrastanti. Mentre molti lo vedono come un eroe moderno e un innovatore, altri criticano i suoi metodi di gestione, il suo uso dei social media e alcune delle sue decisioni imprenditoriali. Le sue dichiarazioni pubbliche, a volte impulsive, hanno causato fluttuazioni nel mercato azionario e hanno attirato l'attenzione delle autorità di regolamentazione. Tuttavia, queste controversie non hanno impedito a Musk di continuare a perseguire i suoi obiettivi con determinazione.

La sua influenza si estende anche alla cultura popolare, dove è spesso citato come ispirazione per personaggi di film, serie TV e fumetti. La sua immagine di imprenditore innovativo e audace ha catturato l'immaginazione di milioni di persone, rendendolo un'icona del progresso tecnologico e della perseveranza. Questa presenza culturale amplifica ulteriormente il suo impatto, rendendo le sue idee e visioni parte integrante del dibattito pubblico sulla tecnologia e il futuro.

In sintesi, la storia di Elon Musk è un esempio di come la determinazione, la visione e l'innovazione possano trasformare non solo settori industriali, ma anche il modo in cui pensiamo al nostro futuro. Il suo approccio audace e spesso non convenzionale ha sfidato le norme e ha aperto nuove possibilità, dimostrando che anche le idee più ambiziose possono essere realizzate con il giusto mix di ingegno, lavoro duro e coraggio. La continua evoluzione delle sue imprese e delle sue visioni promette di mantenere Musk al centro della scena globale per molti anni a venire, mentre continua a spingere i confini del possibile.

La storia e l'impatto di Elon Musk sul mondo moderno sono un testamento della potenza dell'innovazione e della determinazione. Musk, con la sua visione audace e la sua straordinaria capacità di realizzare ciò che per molti sembra impossibile, ha trasformato settori chiave e ha ispirato milioni di persone. La sua infanzia in Sudafrica, caratterizzata da un profondo interesse per la tecnologia e una precoce passione per l'informatica, ha gettato le basi per una carriera straordinaria che avrebbe sfidato e ridefinito le convenzioni industriali.

Dalla vendita di Zip2 e PayPal, che gli hanno fornito il capitale iniziale per perseguire progetti più ambiziosi, alla fondazione di SpaceX e Tesla, Musk ha dimostrato una capacità unica di identificare opportunità e trasformarle in realtà operative. SpaceX ha rivoluzionato l'industria spaziale con razzi riutilizzabili, rendendo i viaggi spaziali più accessibili e stabilendo un nuovo standard per l'industria. Tesla ha trasformato l'industria automobilistica con veicoli elettrici avanzati, contribuendo in modo significativo alla lotta contro i cambiamenti climatici e promuovendo l'energia sostenibile.

Musk non si è fermato qui. Con SolarCity, ha integrato l'energia solare nel portafoglio di Tesla, promuovendo l'adozione di energie rinnovabili. La sua visione del trasporto futuro si è estesa con il concetto di Hyperloop, che potrebbe rivoluzionare i viaggi ad alta velocità. Neuralink rappresenta la frontiera della neurotecnologia, con l'obiettivo di migliorare la vita umana e affrontare malattie neurologiche attraverso interfacce cervello-computer.

Le sue iniziative non si limitano alla tecnologia e agli affari. Musk ha dimostrato una profonda preoccupazione per le implicazioni etiche dell'intelligenza artificiale, co-fondando OpenAI per garantire che l'IA avvantaggi tutta l'umanità. Ha inoltre fondato The Boring Company per affrontare i problemi di congestione del traffico urbano con soluzioni innovative.

Musk è una figura complessa, le cui idee e metodi suscitano opinioni forti e contrastanti. Sebbene il suo stile di leadership e la sua presenza sui social media siano stati oggetto di critiche, è innegabile che la sua visione e il suo impegno abbiano portato a progressi significativi in molteplici settori. La sua capacità di attrarre e motivare talenti eccezionali ha giocato un ruolo cruciale nel successo delle sue imprese.

Oltre alle sue realizzazioni tecnologiche e industriali, Musk è diventato un'icona culturale, un simbolo del progresso tecnologico e dell'innovazione audace. La sua storia ispira non solo gli imprenditori, ma chiunque sogni di fare una differenza significativa nel mondo.

In conclusione, Elon Musk rappresenta una forza trainante del cambiamento nel mondo moderno. La sua capacità di vedere oltre i limiti attuali, di prendere rischi calcolati e di perseguire con tenacia i suoi obiettivi ha avuto un impatto profondo su numerosi settori, dalla tecnologia spaziale all'energia sostenibile, dal trasporto ai progressi neurotecnologici. La sua eredità continua a crescere, influenzando non solo il presente, ma anche il futuro della scienza, della tecnologia e dell'umanità. Le sue idee e realizzazioni sono destinate a lasciare un segno indelebile nella storia, ispirando future generazioni a sognare in grande e a lavorare instancabilmente per trasformare quei sogni in realtà.

2. Infanzia e Gioventù Dettagli sulla sua nascita, famiglia, educazione e le prime influenze.

Infanzia e Gioventù

Elon Musk è nato il 28 giugno 1971 a Pretoria, una delle tre capitali del Sudafrica. È il maggiore di tre figli nati da Errol Musk, un ingegnere elettromeccanico, pilota e marinaio, e Maye Musk, una modella e dietologa canadese-sudafricana. La famiglia Musk era benestante e possedeva diverse proprietà in Sudafrica. Tuttavia, nonostante la loro condizione economica agiata, l'infanzia di Elon non fu priva di difficoltà.

Fin da piccolo, Elon mostrò una mente curiosa e un'intelligenza fuori dal comune. Era un lettore vorace e spesso si perdeva nei libri per ore, esplorando mondi di fantascienza e storie di invenzioni. Uno dei suoi libri preferiti era "La Guida Galattica per Autostoppisti" di Douglas Adams, che avrebbe influenzato profondamente la sua filosofia di vita e la sua visione del futuro.

Elon era noto per essere un bambino introverso e riflessivo, spesso vittima di bullismo a scuola. Gli episodi di bullismo raggiunsero il culmine quando fu spinto giù per una scala e picchiato fino a perdere conoscenza, un evento che lo segnò profondamente. Nonostante queste difficoltà, il suo amore per la lettura e l'apprendimento rimase intatto. Passava ore in biblioteca, leggendo di tutto, dalla fantascienza alla biografia di grandi inventori e scienziati.

A 10 anni, Elon ricevette il suo primo computer, un Commodore VIC-20. Questo evento segnò l'inizio della sua passione per la programmazione. Da autodidatta, imparò a programmare e a 12 anni sviluppò un videogioco chiamato Blastar, che vendette per circa 500 dollari a una rivista di computer. Questo primo successo imprenditoriale fu un indicatore precoce delle sue future capacità innovative e imprenditoriali.

La famiglia Musk si trasferì diverse volte durante l'infanzia di Elon. Dopo il divorzio dei genitori nel 1980, Elon decise di vivere con il padre, una scelta che in seguito descrisse come un errore, citando un rapporto difficile e complesso con Errol Musk. Nonostante queste tensioni familiari, il periodo trascorso con il padre gli fornì un'esposizione pratica all'ingegneria e alla costruzione, poiché Errol era coinvolto in vari progetti di costruzione e meccanica.

Elon frequentò diverse scuole prima di iscriversi alla Pretoria Boys High School, un istituto noto per la sua rigorosità accademica. Nonostante le sfide sociali e i problemi di bullismo, Elon eccelleva negli studi, mostrando una particolare inclinazione per la fisica e la matematica. Era un allievo brillante, anche se spesso incompreso dai suoi coetanei e insegnanti per le sue idee e il suo comportamento eccentrici.

A 17 anni, Musk decise di lasciare il Sudafrica per cercare migliori opportunità all'estero e per evitare il servizio militare obbligatorio. Si trasferì in Canada nel 1989, ottenendo la cittadinanza canadese grazie alla madre, nata in Saskatchewan. Questo trasferimento segnò l'inizio di una nuova fase della sua vita, lontano dalle tensioni familiari e dalle difficoltà incontrate in Sudafrica.

In Canada, Musk si iscrisse alla Queen's University di Kingston, Ontario, dove trascorse due anni prima di trasferirsi alla University of Pennsylvania, negli Stati Uniti. Alla Penn, Musk conseguì una laurea in fisica e una in economia presso la Wharton School. Durante gli anni universitari, Musk sviluppò ulteriormente le sue capacità imprenditoriali e tecniche, e iniziò a formulare idee su come avrebbe potuto applicare la tecnologia per risolvere i grandi problemi dell'umanità.

Durante il periodo universitario, Elon Musk dimostrò una straordinaria etica del lavoro, sostenendosi con vari lavori part-time, tra cui uno presso una fattoria e un altro come venditore di computer. Questo spirito di sacrificio e dedizione prefigurava la sua futura carriera, caratterizzata da lunghi orari di lavoro e una determinazione implacabile.

Un momento cruciale durante il suo tempo alla University of Pennsylvania fu l'incontro con Adeo Ressi, con cui Musk condivise una casa trasformata in un nightclub per guadagnare qualche soldo extra. Questa iniziativa imprenditoriale dimostrò la sua capacità di pensare fuori dagli schemi e di sfruttare ogni opportunità per perseguire i suoi obiettivi.

La formazione accademica di Musk culminò con la decisione di trasferirsi in California per un dottorato in fisica applicata e scienza dei materiali alla Stanford University. Tuttavia, il richiamo del boom delle dot-com era troppo forte, e dopo appena due giorni, Musk abbandonò il programma per lanciarsi nel mondo delle startup. Questa decisione segnò l'inizio della sua incredibile carriera imprenditoriale, che lo avrebbe visto fondare alcune delle aziende più innovative e influenti del nostro tempo.

Elon Musk è stato influenzato da molte persone e idee durante la sua infanzia e gioventù. Tra i suoi mentori e modelli ispiratori vi erano grandi inventori e imprenditori come Nikola Tesla, Thomas Edison, e Steve Jobs. Le sue letture di fantascienza, in particolare le opere di Isaac Asimov e Robert Heinlein, lo hanno ispirato a pensare in grande e a immaginare un futuro in cui la tecnologia potesse risolvere i problemi dell'umanità. Queste influenze intellettuali e personali hanno contribuito a plasmare la visione unica di Musk, caratterizzata da un impegno per l'innovazione radicale e una profonda preoccupazione per il futuro del pianeta e dell'umanità.

L'infanzia e la gioventù di Elon Musk sono stati periodi formativi che hanno gettato le basi per la sua straordinaria carriera. Le sfide personali, le esperienze accademiche e le prime iniziative imprenditoriali hanno contribuito a sviluppare la resilienza, la determinazione e la visione che avrebbero guidato le sue future imprese. Da giovane sognatore e programmatore autodidatta in Sudafrica a imprenditore di successo e innovatore globale, il viaggio di Elon Musk è una testimonianza del potere della perseveranza e della capacità di vedere oltre i limiti convenzionali per creare un futuro migliore.

Elon Musk trascorse i primi anni della sua vita a Pretoria, una città che, sebbene moderna e ben sviluppata, non era esattamente il cuore dell'innovazione tecnologica negli anni '70 e '80. Crescendo in un contesto familiare piuttosto complesso, Elon dovette sviluppare un carattere forte e indipendente fin dalla giovane età. Suo padre, Errol Musk, era una figura imponente ma anche controversa, descritto come severo e a volte distante. Elon ha ricordato in diverse interviste che vivere con suo padre non fu facile e che questa esperienza lo segnò profondamente, insegnandogli lezioni dure sulla vita e sulle relazioni interpersonali.

La curiosità di Elon per il mondo scientifico e tecnologico era evidente fin dall'infanzia. Questa curiosità lo portava spesso a immergersi completamente nei libri, tanto che sua madre, Maye, racconta di come dovesse spesso intervenire per farlo uscire dal suo "mondo di carta". La lettura era per Elon non solo una via di fuga, ma anche un modo per nutrire la sua mente vivace e immaginativa. I suoi interessi spaziavano dalla fantascienza alla fisica, dall'ingegneria alla biografia di grandi scienziati e inventori.

Un aspetto affascinante della giovinezza di Elon è il suo precoce interesse per l'energia e le sue implicazioni future. Anche se ancora un ragazzo, già fantasticava su come l'energia solare potesse rivoluzionare il mondo. Questo interesse si trasformò in una convinzione profonda che avrebbe poi guidato molte delle sue future iniziative imprenditoriali. Nonostante la sua giovane età, Elon era capace di pensare in termini globali, immaginando soluzioni per problemi che molti adulti avrebbero considerato irrisolvibili o troppo complessi.

La scuola fu un periodo difficile per Elon, non tanto per le materie accademiche, dove eccelleva, ma per la sua difficoltà a integrarsi con i coetanei. Il bullismo di cui fu vittima non solo lo ferì fisicamente, ma lo portò a sviluppare una certa resistenza emotiva e una determinazione a dimostrare il proprio valore attraverso il successo personale. Questa determinazione, unita alla sua passione per la tecnologia, lo spinse a cercare costantemente nuovi modi per apprendere e crescere.

Un evento significativo nella vita di Elon fu l'acquisto del suo primo computer, un Commodore VIC-20. Per un giovane ragazzo degli anni '80, un computer rappresentava non solo un passatempo, ma un portale verso un nuovo mondo di possibilità. Elon non si limitò a utilizzare il computer per giocare, ma lo sfruttò per imparare a programmare. Trascorreva ore e ore a studiare manuali di programmazione, cercando di comprendere i complessi linguaggi che permettevano di creare software. Questo autodidattismo non solo gli permise di sviluppare competenze tecniche avanzate, ma gli insegnò anche il valore della perseveranza e della dedizione.

A dodici anni, la vendita del suo videogioco Blastar rappresentò il primo segnale delle sue straordinarie capacità imprenditoriali. Non era solo un ragazzino talentuoso nella programmazione, ma anche capace di vedere opportunità di mercato e di capitalizzare su di esse. Questo piccolo ma significativo successo lo incoraggiò a perseguire i suoi interessi tecnologici con ancora maggiore intensità.

Dopo il trasferimento in Canada, Elon dovette adattarsi a un nuovo ambiente e a nuove sfide. Il Canada rappresentava per lui una terra di opportunità, lontana dalle tensioni politiche e sociali del Sudafrica dell'epoca. La decisione di trasferirsi fu anche influenzata dal desiderio di Elon di costruire una vita più indipendente, lontano dalle ombre del passato e dalle complessità familiari. Questo periodo della sua vita fu caratterizzato da un forte senso di autodeterminazione e da una crescente consapevolezza delle proprie capacità.

Durante il suo periodo alla Queen's University, Elon incontrò Justine Wilson, una scrittrice canadese con cui in seguito si sarebbe sposato e avrebbe avuto cinque figli. La loro relazione, iniziata in un ambiente accademico, fu segnata da un profondo legame intellettuale e dalla condivisione di grandi ambizioni per il futuro. Sebbene il loro matrimonio non durò, la loro unione contribuì a plasmare alcune delle visioni personali e professionali di Elon.

La decisione di trasferirsi alla University of Pennsylvania rappresentò un ulteriore passo nella sua formazione. Qui, la combinazione di studi in fisica ed economia gli fornì una base solida per comprendere sia i principi scientifici che le dinamiche di mercato. Durante il periodo alla Penn, Musk non solo acquisì conoscenze teoriche, ma sviluppò anche un network di contatti che sarebbero stati fondamentali per le sue future iniziative imprenditoriali. La capacità di Musk di fondere concetti scientifici avanzati con un'acuta comprensione delle dinamiche economiche si rivelò cruciale per il suo successo.

Un altro aspetto rilevante della gioventù di Musk è il suo coinvolgimento in attività imprenditoriali anche durante il periodo universitario. Oltre alla gestione del nightclub con Adeo Ressi, Musk mostrò una precoce inclinazione a identificare e sfruttare opportunità di business non convenzionali. Questo spirito imprenditoriale lo accompagnò costantemente, spingendolo a esplorare nuove idee e a sfidare lo status quo.

Il trasferimento in California per perseguire un dottorato a Stanford segnò l'inizio di una nuova fase nella vita di Musk, ma la sua permanenza nell'ambiente accademico fu brevissima. La decisione di lasciare il programma dopo appena due giorni riflette la sua naturale inclinazione a seguire le opportunità emergenti piuttosto che aderire a percorsi prestabiliti. Questa scelta, sebbene rischiosa, si rivelò essere una delle decisioni più importanti della sua vita, poiché lo catapultò nel cuore della rivoluzione delle dot-com.

Il periodo californiano fu caratterizzato da un'intensa attività imprenditoriale e dalla creazione di reti di contatti fondamentali. La Silicon Valley degli anni '90 era un terreno fertile per innovatori e visionari, e Musk seppe inserirsi perfettamente in questo contesto. La fondazione di Zip2 e il successivo successo con X.com, che divenne PayPal, dimostrarono la sua capacità di identificare le tendenze emergenti nel mondo della tecnologia e di capitalizzare su di esse.

In questo periodo, Musk iniziò anche a delineare le sue ambizioni più grandi, quelle che avrebbero definito la sua carriera nei decenni successivi. La vendita di PayPal a eBay gli fornì il capitale necessario per perseguire i suoi sogni più ambiziosi, tra cui l'esplorazione spaziale e la promozione dell'energia sostenibile. Queste esperienze formative non solo rafforzarono la sua fiducia nelle proprie capacità, ma lo convinsero anche della necessità di affrontare le sfide globali con soluzioni innovative e audaci.

Elon Musk è un esempio straordinario di come la determinazione, la passione e una visione chiara possano superare le avversità e trasformare idee ambiziose in realtà concrete. La sua infanzia e

gioventù, segnate da difficoltà personali e da un
incessante desiderio di apprendimento, hanno gettato
le basi per una carriera senza precedenti. Da giovane
ragazzo curioso a imprenditore visionario, il percorso
di Musk è una testimonianza del potenziale umano di
innovare e di trasformare il mondo attraverso la
tecnologia e la perseveranza.

Elon Musk, durante la sua infanzia e gioventù, sviluppò
non solo un'intensa curiosità per il mondo della
tecnologia, ma anche un'incredibile capacità di
recuperare e imparare dalle sue esperienze. Questo
periodo formativo fu caratterizzato da numerosi eventi
e influenze che contribuirono a plasmare la sua
mentalità imprenditoriale e la sua determinazione a
realizzare i suoi sogni.

Una delle influenze più significative nella vita di Elon
fu la sua famiglia. Maye Musk, sua madre, non solo
lavorava come modella, ma era anche una dietologa
rinomata, il che le conferiva un'aria di indipendenza e
forza. Il successo e la determinazione di Maye furono
sicuramente un esempio importante per Elon,
mostrando che il duro lavoro e la perseveranza
possono portare al successo. Questo modello materno
di dedizione professionale probabilmente ispirò Elon a
perseguire i suoi obiettivi con la stessa tenacia.

D'altra parte, il rapporto complesso con suo padre
Errol ebbe un effetto duale: se da una parte Errol, con
la sua esperienza ingegneristica, potrebbe aver
instillato in Elon l'interesse per le costruzioni e

l'ingegneria, dall'altra il loro rapporto tumultuoso potrebbe aver rafforzato in Elon il desiderio di allontanarsi e creare il proprio percorso. Elon ha descritto il padre come una persona difficile e, nonostante il rispetto per le sue capacità tecniche, ha cercato di distanziarsi dalle influenze negative di questa relazione.

Durante la sua adolescenza, Elon dimostrò una straordinaria capacità di concentrazione e dedizione. Oltre alla programmazione, si interessava a progetti che gli permettessero di applicare le sue conoscenze tecniche. Uno degli episodi significativi fu quando riuscì a riparare un'automobile vecchia e malfunzionante con le sue sole conoscenze autodidatte, dimostrando non solo abilità tecniche, ma anche una notevole determinazione.

La scuola, per Elon, rappresentava sia una sfida che un'opportunità. Mentre eccelleva nelle materie scientifiche e matematiche, l'ambiente sociale era spesso ostile. Le esperienze di bullismo non solo lo resero più resiliente, ma lo spinsero a cercare rifugio nella sua passione per la lettura e la programmazione. La sua capacità di isolarsi mentalmente e concentrarsi sulle sue passioni nonostante l'ambiente esterno fu un'abilità che lo avrebbe servito bene nei suoi anni successivi di imprenditoria intensa e innovazione.

Uno dei tratti distintivi di Elon durante la sua giovinezza era la sua visione del futuro. Fin da giovane, non si limitava a pensare in termini di miglioramenti incrementali, ma immaginava soluzioni rivoluzionarie. Questo pensiero a lungo termine è evidente nelle sue dichiarazioni e nei progetti che ha perseguito. La sua capacità di vedere oltre i problemi immediati e immaginare un futuro completamente diverso è ciò che lo ha differenziato dalla maggior parte dei suoi coetanei e successivamente dai suoi concorrenti.

La transizione dal Sudafrica al Canada rappresentò un cambiamento significativo per Elon. Oltre a evitare il servizio militare obbligatorio, questa mossa gli permise di entrare in un ambiente più aperto e progressista. In Canada, nonostante le sfide di adattamento, Elon trovò un terreno fertile per le sue idee e iniziative. La scelta di frequentare la Queen's University fu strategica, non solo per l'educazione ricevuta, ma anche per le connessioni che formò, tra cui quella con la sua futura moglie, Justine Wilson.

Gli anni universitari di Musk alla University of Pennsylvania furono altrettanto cruciali. Qui, non solo approfondì le sue conoscenze scientifiche ed economiche, ma sviluppò anche una comprensione più sofisticata delle dinamiche di business e del mercato. Questa combinazione unica di competenze tecniche e finanziarie gli avrebbe permesso di navigare con successo nel mondo delle startup tecnologiche e di attrarre investitori per le sue imprese future.

Un aspetto meno noto, ma significativo della gioventù di Musk, fu il suo interesse per la fantascienza e l'esplorazione spaziale. Le letture di autori come Isaac

Asimov e Arthur C. Clarke non solo alimentavano la
sua immaginazione, ma instillavano in lui l'idea che
l'umanità poteva superare le sue limitazioni attuali
attraverso l'innovazione tecnologica. Questo pensiero
si riflette chiaramente nei suoi progetti con SpaceX,
dove l'obiettivo finale non è solo lanciare razzi, ma
rendere l'umanità una specie multiplanetaria.

La decisione di trasferirsi in California per studiare a
Stanford, e la sua successiva scelta di abbandonare il
programma di dottorato, riflettono la sua capacità di
prendere decisioni audaci e controcorrente. Questo
periodo fu caratterizzato da un'intensa attività
imprenditoriale, dove Elon iniziò a delineare i suoi
piani per il futuro. La Silicon Valley degli anni '90 era
un ambiente dinamico e competitivo, ma Musk riuscì a
emergere grazie alla sua visione e alla sua capacità di
eseguire piani complessi con precisione e
determinazione.

Nel suo tempo libero, Musk continuava a esplorare
nuove tecnologie e a imparare continuamente. Questo
impegno per l'apprendimento costante è una
caratteristica che lo ha accompagnato per tutta la vita.
Nonostante i successi iniziali, Musk non si accontentò
mai di ciò che aveva già raggiunto, ma cercava
costantemente nuove sfide e opportunità di crescita.
Questo spirito di continua evoluzione e miglioramento
è evidente in tutte le sue imprese, da SpaceX a Tesla,
da SolarCity a Neuralink.

L'abilità di Musk di pensare a lungo termine e di immaginare un futuro radicalmente diverso non si limita alle sue aziende. Ha espresso ripetutamente preoccupazioni e idee su questioni globali come il cambiamento climatico, l'intelligenza artificiale e la sostenibilità. Queste preoccupazioni riflettono non solo un'imprenditorialità guidata dal profitto, ma anche una visione etica e filosofica di come la tecnologia possa e debba essere utilizzata per migliorare il mondo.

La resilienza di Elon Musk, affinata dalle difficoltà dell'infanzia e dalle sfide della gioventù, è stata una delle chiavi del suo successo. Ogni fallimento o ostacolo è stato per lui un'opportunità di apprendimento e miglioramento. Questo atteggiamento positivo verso le difficoltà è una delle caratteristiche che lo hanno reso capace di affrontare e superare sfide apparentemente insormontabili.

Elon Musk, con la sua straordinaria combinazione di curiosità, determinazione e visione, è riuscito a trasformare le sue esperienze di vita in una piattaforma per l'innovazione. La sua infanzia e gioventù, pur difficili, lo hanno forgiato in un individuo capace di sognare in grande e di realizzare quei sogni attraverso un duro lavoro incessante e una visione chiara. Da giovane ragazzo con una passione per la programmazione a imprenditore visionario e innovatore globale, la sua storia è una testimonianza del potere della resilienza, della curiosità e della determinazione.

Un altro elemento fondamentale dell'infanzia e della gioventù di Elon Musk è il contesto storico e culturale in cui è cresciuto. Sudafrica, durante gli anni '70 e '80, era un paese segnato dall'apartheid, un sistema di segregazione razziale che influenzava profondamente ogni aspetto della vita quotidiana. Crescere in un ambiente così diviso e pieno di tensioni sociali ha senza dubbio influito sulla visione del mondo di Musk, rendendolo consapevole delle ingiustizie e delle difficoltà che molte persone devono affrontare. Questo contesto potrebbe aver contribuito a plasmare il suo desiderio di migliorare il mondo attraverso la tecnologia e l'innovazione.

La figura di Elon come un giovane autodidatta è affascinante. Mentre molti bambini della sua età erano impegnati in attività ricreative convenzionali, Musk trascorreva il suo tempo libero immerso nei libri e nei computer. La sua capacità di apprendere autonomamente e di applicare le conoscenze acquisite in modo pratico è una testimonianza della sua straordinaria intelligenza e determinazione. Anche in assenza di risorse didattiche moderne come internet, riusciva a trovare e assimilare informazioni che lo interessavano, dimostrando una notevole abilità nel risolvere problemi complessi fin dalla giovane età.

Un'altra influenza significativa durante la sua crescita è stata la comunità scientifica e tecnologica a cui aveva accesso tramite libri e riviste. Nonostante il Sudafrica non fosse un centro di innovazione tecnologica, le letture di Elon gli permisero di entrare in contatto con le idee e le scoperte più recenti nel campo della scienza e della tecnologia. Questa esposizione precoce a concetti avanzati di fisica, ingegneria e informatica alimentò la sua immaginazione e lo spinse a sognare in grande.

Durante la sua adolescenza, Musk sviluppò anche un forte interesse per l'esplorazione spaziale. Le missioni Apollo e i programmi spaziali sovietici degli anni '60 e '70 catturarono la sua immaginazione. L'idea di viaggiare oltre il nostro pianeta e di esplorare l'universo lo affascinava profondamente. Questa passione per lo spazio non solo influenzò la sua decisione di fondare SpaceX in seguito, ma continuò a essere una fonte di ispirazione e motivazione per tutta la sua carriera.

Un aspetto meno noto ma altrettanto significativo della gioventù di Musk è il suo interesse per la filosofia e la fantascienza. Le opere di autori come Isaac Asimov, Arthur C. Clarke e Philip K. Dick non solo alimentavano la sua immaginazione, ma lo aiutavano a sviluppare una visione filosofica del futuro e del ruolo della tecnologia nella società. Questi libri non erano solo intrattenimento per Elon; erano strumenti di riflessione che gli permettevano di esplorare idee profonde e complesse riguardo all'esistenza umana, all'intelligenza artificiale e alla possibilità di vita su altri pianeti.

La sua esperienza a scuola, segnata dal bullismo, nonostante fosse dolorosa, ha avuto un impatto duraturo sulla sua personalità e sul suo approccio alla vita. Invece di arrendersi o farsi sopraffare dalle difficoltà, Musk sviluppò una resilienza straordinaria. Questa capacità di resistere e superare le avversità divenne una delle sue caratteristiche distintive, permettendogli di affrontare le innumerevoli sfide che avrebbe incontrato nel corso della sua carriera imprenditoriale.

Il trasferimento in Canada rappresentò una svolta decisiva nella vita di Musk. L'opportunità di studiare e lavorare in un ambiente più aperto e progressista gli permise di espandere i suoi orizzonti e di accedere a risorse e opportunità che non avrebbe avuto in Sudafrica. L'adattamento a una nuova cultura e a un nuovo sistema educativo fu inizialmente difficile, ma Musk dimostrò una straordinaria capacità di adattamento e di apprendimento rapido. Queste esperienze internazionali ampliarono la sua visione del mondo e gli fornirono una prospettiva globale che avrebbe influenzato le sue future iniziative.

La decisione di frequentare la Queen's University non fu solo una scelta educativa, ma anche una strategia per creare un network di contatti che sarebbe stato fondamentale per le sue future iniziative imprenditoriali. Qui, incontrò persone che avrebbero avuto un ruolo significativo nella sua vita personale e professionale, inclusa la sua prima moglie, Justine Wilson. La loro relazione, iniziata in un ambiente accademico stimolante, fu caratterizzata da una condivisione di grandi ambizioni e di un forte legame intellettuale.

Il trasferimento alla University of Pennsylvania rappresentò un ulteriore passo avanti nella formazione di Musk. Qui, la combinazione di studi in fisica ed economia gli permise di sviluppare una comprensione unica delle interconnessioni tra scienza e business. Questo background multidisciplinare si rivelò cruciale per il suo approccio innovativo alle sfide tecnologiche e imprenditoriali. La sua capacità di integrare concetti scientifici avanzati con una solida comprensione delle dinamiche economiche fu uno dei fattori chiave del suo successo.

Durante gli anni universitari, Musk continuò a esplorare nuove opportunità imprenditoriali. Oltre alla gestione del nightclub con Adeo Ressi, Musk era costantemente alla ricerca di modi per applicare le sue competenze tecniche in contesti pratici. Questo spirito imprenditoriale, combinato con una forte etica del lavoro, gli permise di sviluppare una serie di progetti che lo avrebbero preparato per le sfide future. La sua capacità di identificare opportunità di business non convenzionali e di trasformarle in iniziative di successo fu una delle caratteristiche distintive della sua carriera.

Il periodo trascorso a Stanford, sebbene breve, fu significativo. La decisione di abbandonare il programma di dottorato per entrare nel mondo delle startup tecnologiche fu un rischio calcolato che rifletteva la sua propensione a seguire le opportunità emergenti piuttosto che aderire a percorsi tradizionali. Questo periodo fu caratterizzato da un'intensa attività imprenditoriale, con Musk che iniziò a delineare i suoi piani per il futuro. La Silicon Valley degli anni '90 era un ambiente dinamico e competitivo, ma Musk riuscì a emergere grazie alla sua visione e alla sua capacità di eseguire piani complessi con precisione e determinazione.

Nel suo tempo libero, Musk continuava a esplorare nuove tecnologie e a imparare continuamente. Questo impegno per l'apprendimento costante è una caratteristica che lo ha accompagnato per tutta la vita. Nonostante i successi iniziali, Musk non si accontentò mai di ciò che aveva già raggiunto, ma cercava costantemente nuove sfide e opportunità di crescita. Questo spirito di continua evoluzione e miglioramento è evidente in tutte le sue imprese, da SpaceX a Tesla, da SolarCity a Neuralink.

L'abilità di Musk di pensare a lungo termine e di immaginare un futuro radicalmente diverso non si limita alle sue aziende. Ha espresso ripetutamente preoccupazioni e idee su questioni globali come il cambiamento climatico, l'intelligenza artificiale e la sostenibilità. Queste preoccupazioni riflettono non solo un'imprenditorialità guidata dal profitto, ma anche una visione etica e filosofica di come la tecnologia possa e debba essere utilizzata per migliorare il mondo.

La resilienza di Elon Musk, affinata dalle difficoltà dell'infanzia e dalle sfide della gioventù, è stata una delle chiavi del suo successo. Ogni fallimento o ostacolo è stato per lui un'opportunità di apprendimento e miglioramento. Questo atteggiamento positivo verso le difficoltà è una delle caratteristiche che lo hanno reso capace di affrontare e superare sfide apparentemente insormontabili.

Elon Musk, con la sua straordinaria combinazione di curiosità, determinazione e visione, è riuscito a trasformare le sue esperienze di vita in una piattaforma per l'innovazione. La sua infanzia e gioventù, pur difficili, lo hanno forgiato in un individuo capace di sognare in grande e di realizzare quei sogni attraverso un duro lavoro incessante e una visione chiara. Da giovane ragazzo con una passione per la programmazione a imprenditore visionario e innovatore globale, la sua storia è una testimonianza del potere della resilienza, della curiosità e della determinazione.

Le esperienze formative di Elon Musk, dalla sua infanzia in Sudafrica alla giovinezza trascorsa in Canada e negli Stati Uniti, hanno giocato un ruolo cruciale nello sviluppo della sua visione e delle sue capacità imprenditoriali. Crescendo in un contesto complesso e spesso difficile, ha dimostrato una straordinaria capacità di adattamento e di apprendimento autonomo. Le influenze ricevute dalla sua famiglia, in particolare dalla madre Maye e dal rapporto complicato con il padre Errol, hanno contribuito a plasmare il suo carattere resiliente e la sua determinazione a superare le avversità.

Il precoce interesse di Musk per la tecnologia, alimentato dalle letture di fantascienza e dalle prime esperienze con i computer, lo ha portato a sviluppare competenze tecniche avanzate e una visione innovativa. La sua capacità di trasformare idee astratte in progetti concreti è stata evidente fin dall'inizio, come dimostra la creazione e la vendita del videogioco Blastar a soli dodici anni. Questi successi iniziali hanno rafforzato la sua fiducia nelle proprie capacità e lo hanno spinto a perseguire obiettivi sempre più ambiziosi.

L'adolescenza di Musk, segnata dal bullismo e dalle difficoltà sociali, lo ha reso più resiliente e determinato. Il suo trasferimento in Canada e successivamente negli Stati Uniti ha rappresentato un'opportunità di rinascita, permettendogli di accedere a un'educazione di alto livello e di costruire un network di contatti che sarebbe stato fondamentale per le sue future imprese. L'esperienza universitaria alla Queen's University e alla University of Pennsylvania ha fornito a Musk una solida base di conoscenze scientifiche ed economiche, oltre a un ambiente stimolante per sviluppare le sue idee imprenditoriali.

La decisione di abbandonare il programma di dottorato a Stanford per entrare nel mondo delle startup tecnologiche riflette la sua propensione a seguire le opportunità emergenti e a prendere rischi calcolati. Questo periodo cruciale della sua vita fu caratterizzato da un'intensa attività imprenditoriale, che culminò con il successo di Zip2 e X.com, poi diventato PayPal.

Questi primi trionfi gli fornirono il capitale e la credibilità necessari per lanciare le sue iniziative più ambiziose, tra cui SpaceX e Tesla.

Musk è una figura complessa e multidimensionale, le cui esperienze di vita hanno contribuito a sviluppare una visione unica del futuro. Il suo interesse per l'esplorazione spaziale, la sostenibilità energetica e l'intelligenza artificiale non è solo il risultato di una mente curiosa, ma anche di una profonda preoccupazione per il futuro dell'umanità. La sua capacità di vedere oltre i problemi immediati e di immaginare soluzioni radicali è ciò che lo distingue come innovatore e visionario.

La resilienza, la curiosità e la determinazione di Elon Musk, affinati dalle sfide dell'infanzia e della gioventù, sono stati fondamentali per il suo successo. Ogni ostacolo affrontato è diventato un'opportunità di apprendimento, e ogni successo ha rafforzato la sua convinzione nella possibilità di realizzare i suoi sogni più audaci. Da giovane programmatore autodidatta a imprenditore globale, la storia di Elon Musk è una testimonianza del potere della perseveranza e della visione, e continua a ispirare milioni di persone in tutto il mondo.

3. Formazione e Studi Il percorso educativo di Musk, dalle scuole superiori fino all'università.

Formazione e Studi

Il percorso educativo di Elon Musk è stato caratterizzato da una forte autodeterminazione, un impegno per l'apprendimento continuo e una capacità straordinaria di eccellere in ambienti accademici diversi. Dalle scuole superiori in Sudafrica fino alle università in Canada e negli Stati Uniti, Musk ha dimostrato una passione insaziabile per la conoscenza e una capacità di applicare ciò che ha imparato in modi pratici e innovativi.

Scuole Superiori: Pretoria Boys High School

Elon Musk ha frequentato diverse scuole in Sudafrica, ma la sua formazione secondaria culminò alla Pretoria Boys High School, un'istituzione nota per la sua rigorosità accademica e la disciplina. Nonostante le difficoltà sociali e il bullismo, Musk si distinse per il suo talento nelle materie scientifiche e matematiche. La sua capacità di concentrazione e la sua determinazione gli permisero di superare le avversità e di eccellere negli studi.

Queen's University

All'età di 17 anni, Elon Musk lasciò il Sudafrica per il Canada, unendosi alla madre Maye e ai fratelli Kimbal e Tosca. Decise di trasferirsi in Canada per evitare il servizio militare obbligatorio in Sudafrica e per cercare migliori opportunità educative e professionali. Si iscrisse alla Queen's University di Kingston, Ontario, nel 1989. Durante i suoi due anni alla Queen's University, Musk iniziò a costruire un network di contatti che sarebbe stato fondamentale per la sua futura carriera. Tra questi contatti c'era anche Justine Wilson, che in seguito sarebbe diventata sua moglie e la madre dei suoi primi cinque figli.

Queen's University rappresentò per Musk un ambiente stimolante e una piattaforma per esplorare le sue passioni. Qui, sviluppò ulteriormente il suo interesse per la fisica e l'economia, gettando le basi per le sue future scelte accademiche e imprenditoriali. Il suo tempo a Queen's fu caratterizzato da un'intensa attività accademica, ma anche da iniziative imprenditoriali, come la gestione di un nightclub con il suo amico Adeo Ressi, che dimostrò il suo spirito imprenditoriale precoce.

University of Pennsylvania

Nel 1992, Musk si trasferì alla University of Pennsylvania, dove conseguì due lauree: una in fisica presso il College of Arts and Sciences e un'altra in economia presso la Wharton School. Questa combinazione di studi rifletteva il suo desiderio di comprendere sia i principi fondamentali della scienza che le dinamiche del mondo degli affari. Durante il suo tempo alla Penn, Musk si distinse per la sua dedizione e il suo impegno, eccellendo in entrambi i campi di studio.

Alla Penn, Musk non solo acquisì una solida formazione accademica, ma sviluppò anche un approccio multidisciplinare alla risoluzione dei problemi. La fisica gli fornì una comprensione profonda dei principi scientifici e delle leggi naturali, mentre gli studi economici gli permisero di capire le dinamiche di mercato e le strategie di business. Questo mix di conoscenze si rivelò cruciale per il suo approccio innovativo alle sfide imprenditoriali future.

Durante gli anni universitari, Musk continuò a esplorare opportunità imprenditoriali. Insieme al suo compagno di stanza, Adreessen Horowitz, sviluppò idee per startup tecnologiche e progetti innovativi. Questi anni furono cruciali per affinare le sue competenze tecniche e imprenditoriali, nonché per costruire un network di contatti che sarebbe stato fondamentale per le sue iniziative future.

Stanford University

Dopo aver completato i suoi studi alla University of Pennsylvania, Musk si trasferì in California per perseguire un dottorato in fisica applicata e scienza dei materiali alla Stanford University nel 1995. Tuttavia, il periodo alla Stanford fu estremamente breve: dopo solo due giorni, Musk abbandonò il programma di dottorato per dedicarsi al mondo delle startup tecnologiche. Questo periodo coincise con il boom delle dot-com, un'epoca di rapida crescita e innovazione tecnologica nella Silicon Valley.

La decisione di lasciare Stanford rifletteva la sua propensione a cogliere opportunità emergenti e a seguire il suo istinto imprenditoriale. Musk era consapevole che il tempo era un fattore cruciale nel mondo in rapida evoluzione della tecnologia e delle startup, e decise di non perdere tempo prezioso nell'ambiente accademico quando poteva invece dedicarsi a costruire imprese innovative.

L'Apprendimento Autodidatta e l'Approccio Multidisciplinare

Un aspetto distintivo del percorso educativo di Musk è la sua capacità di apprendere autonomamente e di combinare conoscenze provenienti da diversi campi. Anche dopo aver lasciato il contesto accademico formale, Musk ha continuato a studiare e ad approfondire argomenti complessi come l'ingegneria aerospaziale, l'intelligenza artificiale e l'energia sostenibile. Questo impegno per l'apprendimento continuo è stato un fattore chiave nel suo successo, permettendogli di comprendere e innovare in settori altamente tecnologici.

Musk ha sempre enfatizzato l'importanza di una mentalità aperta e della capacità di apprendere nuovi concetti rapidamente. La sua formazione in fisica gli ha insegnato a pensare in termini di principi fondamentali, un approccio che applica costantemente per risolvere problemi complessi. Questo metodo, noto come "reasoning from first principles", consiste nel decomporsi un problema nei suoi elementi più fondamentali e ricostruirlo da zero, piuttosto che fare affidamento su analogie o soluzioni preesistenti.

Conclusione del Percorso Educativo

Il percorso educativo di Elon Musk, sebbene non tradizionale, è stato straordinariamente efficace nel prepararlo per le sfide future. La sua capacità di integrare conoscenze scientifiche con competenze economiche, combinata con un forte spirito imprenditoriale, gli ha permesso di emergere come uno degli innovatori più influenti del nostro tempo. La sua esperienza dimostra che l'educazione non si limita all'acquisizione di titoli accademici, ma è un processo continuo di apprendimento e adattamento.

Attraverso la sua formazione e i suoi studi, Musk ha sviluppato non solo competenze tecniche e imprenditoriali, ma anche una visione chiara di come la tecnologia possa essere utilizzata per affrontare alcune delle sfide più pressanti dell'umanità. Questo approccio multidisciplinare e la sua dedizione all'apprendimento continuo sono stati fondamentali per il suo successo e continueranno a guidare le sue future innovazioni.

4. Le Prime Imprese Le sue prime esperienze imprenditoriali, tra cui Zip2 e X.com (che diventerà PayPal).

Le Prime Imprese

Le prime esperienze imprenditoriali di Elon Musk sono state fondamentali per costruire le basi del suo successivo successo nel mondo della tecnologia e dell'innovazione. Tra le sue prime imprese più significative ci sono Zip2 e X.com, che sarebbe poi diventata PayPal. Queste iniziative non solo hanno dimostrato le sue capacità imprenditoriali, ma hanno anche stabilito il suo modello di lavoro basato sull'innovazione, la risoluzione di problemi complessi e l'impegno instancabile.

Zip2 Corporation

Dopo aver lasciato Stanford nel 1995, Elon Musk si trasferì a Palo Alto, in California, con l'intenzione di immergersi nel fervente ambiente delle startup tecnologiche della Silicon Valley. Insieme a suo fratello Kimbal Musk, Elon fondò Zip2 Corporation. L'azienda era inizialmente un servizio di guida urbana online progettato per aiutare i giornali a sviluppare una presenza su Internet. Il progetto era pionieristico, considerando che l'Internet commerciale era ancora agli albori.

Zip2 offriva software per giornali che permetteva loro di creare guide cittadine online con mappe, indicazioni e elenchi aziendali. La visione di Musk era quella di combinare le funzionalità delle Pagine Gialle con la potenza delle nuove tecnologie web. Nonostante la visione ambiziosa, i primi anni furono molto difficili. I fratelli Musk vivevano nel loro ufficio e lavoravano incessantemente per sviluppare e migliorare il loro prodotto.

Il duro lavoro e la perseveranza alla fine pagarono. Zip2 riuscì a ottenere contratti con importanti quotidiani, tra cui The New York Times e The Chicago Tribune. Nel 1999, Compaq Computer Corporation acquistò Zip2 per circa 307 milioni di dollari in contanti e 34 milioni in stock options. Questo fu un momento cruciale nella carriera di Elon Musk, poiché la vendita gli fornì non solo una notevole somma di denaro, ma anche la credibilità e la fiducia necessarie per avviare nuove e più ambiziose imprese.

X.com e la Nascita di PayPal

Dopo il successo di Zip2, Musk era desideroso di esplorare nuove opportunità. Nel marzo 1999, utilizzò parte dei proventi della vendita di Zip2 per fondare X.com, una società di servizi finanziari online. Musk era consapevole del potenziale trasformativo di Internet e vide un'opportunità significativa nel settore bancario e dei pagamenti online, che all'epoca era ancora in una fase iniziale di sviluppo.

L'idea di X.com era di creare una piattaforma di pagamento online sicura e facile da usare che permettesse agli utenti di trasferire denaro via

Internet. La visione di Musk era quella di rivoluzionare il sistema bancario tradizionale, eliminando le inefficienze e riducendo i costi delle transazioni. Anche in questo caso, Musk lavorò instancabilmente per sviluppare la tecnologia e promuovere l'azienda.

Nel marzo 2000, X.com si fuse con Confinity, una società che aveva sviluppato un servizio di trasferimento di denaro chiamato PayPal. La fusione fu strategica, poiché combinava le risorse e le competenze di entrambe le aziende per creare una delle prime piattaforme di pagamento online realmente funzionali e di successo. Tuttavia, nonostante il potenziale, i primi mesi furono caratterizzati da una feroce competizione interna e differenze di visione tra i fondatori.

Le tensioni culminarono quando Musk, che inizialmente era il CEO della nuova entità, fu sostituito da Peter Thiel come CEO di PayPal. Nonostante il cambiamento nella leadership, Musk rimase il maggiore azionista dell'azienda e continuò a supportarne la crescita. La visione originale di Musk di un sistema di pagamento online universale iniziò a realizzarsi quando PayPal divenne rapidamente popolare, soprattutto tra gli utenti di eBay.

Il successo di PayPal fu consolidato nel 2002, quando eBay acquistò PayPal per 1,5 miliardi di dollari in azioni. Questa acquisizione rappresentò un altro importante traguardo per Musk, che ricevette circa 165 milioni di dollari dalle sue azioni. La vendita di PayPal non solo consolidò la sua posizione come uno degli imprenditori più influenti della Silicon Valley, ma gli fornì anche il capitale necessario per perseguire le sue ambizioni ancora più grandi.

L'Impatto delle Prime Imprese

Le prime esperienze imprenditoriali di Elon Musk con Zip2 e X.com (PayPal) hanno avuto un impatto duraturo sia sulla sua carriera che sull'industria tecnologica. Questi successi hanno dimostrato la sua capacità di identificare opportunità innovative, di lavorare instancabilmente per realizzare la sua visione e di navigare attraverso le sfide e le tensioni interne per raggiungere i suoi obiettivi. Zip2 ha stabilito un modello di business pionieristico per le guide urbane online, mentre PayPal ha rivoluzionato il settore dei pagamenti online, ponendo le basi per l'e-commerce moderno.

Queste esperienze hanno anche rafforzato alcune delle qualità distintive di Musk come imprenditore: la sua capacità di pensare in grande, di sfidare lo status quo e di perseguire progetti che altri considererebbero troppo rischiosi o impossibili. Il successo di PayPal, in particolare, ha evidenziato l'importanza di essere flessibili e adattabili, imparando dai propri errori e continuando a migliorare costantemente.

Inoltre, le prime imprese di Musk hanno gettato le basi finanziarie e la credibilità necessarie per le sue future iniziative. Il capitale ottenuto dalla vendita di Zip2 e PayPal gli ha permesso di finanziare progetti ambiziosi come SpaceX e Tesla, mentre l'esperienza acquisita lo ha aiutato a navigare le complessità delle industrie altamente tecnologiche e competitive.

In conclusione, le prime esperienze imprenditoriali di Elon Musk con Zip2 e X.com (PayPal) sono state fondamentali per la sua crescita come imprenditore e innovatore. Queste iniziative non solo hanno stabilito il suo successo iniziale, ma hanno anche fornito le risorse e le lezioni cruciali che avrebbero alimentato le sue future imprese rivoluzionarie nel campo dell'esplorazione spaziale, dell'energia sostenibile e oltre.

Elon Musk, con la vendita di Zip2 e PayPal, non solo accumulò una significativa ricchezza personale, ma sviluppò anche una profonda comprensione di come costruire e far crescere aziende tecnologiche di successo. Queste esperienze formative lo prepararono a intraprendere progetti ancora più ambiziosi. Le lezioni apprese durante questi anni cruciali, le sfide affrontate e superate, e le innovazioni introdotte in questi primi progetti imprenditoriali fornirono a Musk le fondamenta necessarie per le sue future imprese rivoluzionarie.

Uno degli aspetti più significativi delle prime imprese di Musk è stato il suo approccio alla leadership e alla gestione del rischio. Durante la fase di avvio di Zip2, Musk dimostrò una notevole capacità di leadership, nonostante la sua relativa inesperienza. Gestire una startup in un'epoca in cui Internet stava appena iniziando a prendere piede richiedeva non solo una visione chiara, ma anche la capacità di convincere altri a condividere quella visione. Musk era noto per il suo stile di leadership diretto e la sua volontà di lavorare in prima linea con il suo team, spesso mettendo in gioco le sue risorse personali per mantenere l'azienda a galla.

Le tensioni interne e le difficoltà finanziarie iniziali di Zip2 rappresentarono un banco di prova per la resilienza di Musk. La sua determinazione e la sua capacità di navigare attraverso le avversità dimostrarono la sua tenacia e il suo impegno verso il successo. Queste esperienze lo resero più preparato a gestire le sfide future che avrebbe affrontato con SpaceX, Tesla e altre iniziative.

Il passaggio a X.com segnò un ulteriore sviluppo delle sue competenze imprenditoriali. Musk identificò rapidamente il potenziale trasformativo di un sistema di pagamento online sicuro e facile da usare, riconoscendo un bisogno emergente nel mercato. Il suo background in fisica e economia gli permise di comprendere le implicazioni tecniche e finanziarie di creare una piattaforma di pagamento elettronico innovativa. La fusione con Confinity e la successiva creazione di PayPal furono mosse strategiche che dimostrarono la sua capacità di prendere decisioni rapide e informate in un mercato altamente competitivo.

Una delle caratteristiche distintive di Musk è la sua volontà di apprendere dagli errori e di adattarsi alle circostanze in evoluzione. Durante il periodo di transizione e fusione con Confinity, affrontò diverse sfide interne, incluse divergenze di opinione tra i fondatori e problemi di gestione. La sua sostituzione come CEO di PayPal fu un momento critico che avrebbe potuto scoraggiarlo, ma Musk rimase focalizzato sulla missione dell'azienda, continuando a contribuire in modo significativo al suo successo come maggiore azionista.

L'abilità di Musk di identificare e attrarre talenti eccezionali è stata un altro fattore chiave nel successo delle sue prime imprese. Ha sempre riconosciuto l'importanza di circondarsi di persone brillanti e dedicate, capaci di eseguire la sua visione. Questo approccio collaborativo e orientato al team è evidente in tutte le sue imprese successive, dove ha costruito squadre di ingegneri, scienziati e imprenditori di livello mondiale.

Le esperienze con Zip2 e X.com insegnarono a Musk l'importanza dell'innovazione continua e della capacità di anticipare le tendenze di mercato. Questo approccio lo ha portato a non accontentarsi mai dello status quo e a cercare costantemente nuovi modi per migliorare e reinventare i prodotti e i servizi offerti dalle sue aziende. La sua propensione a prendere rischi calcolati e a spingersi oltre i limiti convenzionali è una delle ragioni principali per cui è riuscito a trasformare settori industriali interi, come dimostrato in seguito con Tesla e SpaceX.

Un altro aspetto significativo delle prime imprese di Musk è stato il suo impegno per la qualità e l'attenzione ai dettagli. Anche nelle prime fasi di Zip2 e X.com, Musk era noto per la sua meticolosità e il suo desiderio di assicurarsi che ogni aspetto del prodotto fosse perfetto. Questo livello di attenzione ai dettagli si sarebbe poi riflesso nelle rigorose esigenze di qualità e prestazioni che avrebbe imposto in SpaceX e Tesla, contribuendo a stabilire standard elevati in settori estremamente competitivi e tecnologicamente avanzati.

Musk ha sempre avuto una visione a lungo termine per le sue iniziative imprenditoriali. Anche quando lavorava su Zip2 e X.com, era già concentrato su come queste tecnologie avrebbero potuto evolversi e influenzare il futuro. Questo pensiero strategico a lungo termine è stato un elemento fondamentale del suo successo, permettendogli di anticipare le esigenze del mercato e di prepararsi per le opportunità future. La vendita di PayPal a eBay non solo rappresentò un traguardo finanziario, ma anche una conferma della validità della sua visione e delle sue capacità imprenditoriali.

La vendita di Zip2 e PayPal fornì a Musk il capitale necessario per perseguire i suoi sogni più ambiziosi, ma più importante ancora, gli diede la fiducia e la credibilità per attirare investitori e talenti per i suoi progetti futuri. Con il successo di queste prime imprese, Musk dimostrò al mondo, e a se stesso, che era capace di trasformare idee rivoluzionarie in realtà

operative, stabilendo un modello che avrebbe seguito
per tutta la sua carriera.

Le prime esperienze imprenditoriali di Musk con Zip2
e X.com (PayPal) sono state cruciali nel modellare il
suo approccio alla risoluzione dei problemi, alla
gestione del rischio e all'innovazione. Questi anni
formativi gli hanno insegnato l'importanza della
perseveranza, della capacità di adattamento e del
pensiero a lungo termine. Le competenze e le lezioni
apprese in queste prime fasi hanno continuato a
influenzare il suo lavoro e le sue imprese successive,
fornendo le basi per il suo straordinario successo e
l'impatto globale che avrebbe avuto nei decenni
successivi.

Le prime esperienze imprenditoriali di Elon Musk, con
Zip2 e X.com, sono un testamento alla sua capacità di
identificare le tendenze emergenti e di capitalizzare su
di esse con ingegnosità e dedizione. Uno degli elementi
centrali di queste prime imprese è stata la capacità di
Musk di creare prodotti che rispondessero a bisogni
non ancora soddisfatti, utilizzando tecnologie
innovative per risolvere problemi pratici in modi
nuovi.

Con Zip2, Musk ha colto l'opportunità presentata
dall'ascesa di Internet per creare una piattaforma che
collegasse le aziende locali con i clienti in modo più
efficiente. Questa idea, che oggi può sembrare ovvia,
era rivoluzionaria negli anni '90, quando molte aziende
stavano ancora cercando di capire come sfruttare al

meglio il potenziale del web. Zip2 non solo forniva mappe e indicazioni, ma anche un'interfaccia facile da usare per le imprese che desideravano stabilire una presenza online, anticipando di anni i moderni servizi di mappatura e localizzazione.

La fusione di X.com con Confinity per formare PayPal fu una mossa strategica che combinava il meglio di due approcci differenti ma complementari al pagamento online. Mentre X.com si concentrava su una vasta gamma di servizi finanziari, Confinity aveva già sviluppato un sistema di trasferimento di denaro peer-to-peer che era semplice e intuitivo. La combinazione di queste due visioni permise a PayPal di emergere come leader nel settore dei pagamenti online, sfruttando le sinergie tra le due aziende per offrire un prodotto che era sia potente che user-friendly.

Un altro elemento cruciale delle prime imprese di Musk è stata la sua capacità di attrarre investimenti e di gestire le finanze in modo efficace. Durante i primi anni di Zip2, Musk e suo fratello Kimbal riuscirono a raccogliere capitale di rischio per finanziare lo sviluppo del loro prodotto. La capacità di Musk di presentare una visione convincente agli investitori e di mostrare un chiaro percorso verso la monetizzazione fu fondamentale per ottenere il sostegno finanziario necessario. Questa abilità di raccolta fondi si rivelò essenziale anche per X.com, dove Musk riuscì ad attrarre significativi investimenti di capitale di rischio per espandere le operazioni dell'azienda.

L'innovazione tecnologica è sempre stata al centro delle iniziative di Musk. Con Zip2, l'uso di algoritmi avanzati per la mappatura e l'integrazione dei dati aziendali rappresentava un significativo passo avanti rispetto alle tecnologie esistenti. Allo stesso modo, con X.com e PayPal, Musk era all'avanguardia nell'uso della crittografia per garantire la sicurezza delle transazioni online, anticipando molte delle pratiche di sicurezza che oggi sono standard nel settore dei pagamenti digitali.

La capacità di Musk di mantenere una visione chiara e di ispirare il suo team a lavorare verso obiettivi comuni è stata un altro fattore chiave del suo successo iniziale. Anche nei momenti di difficoltà, come durante le prime fasi di sviluppo di Zip2, quando l'azienda lottava per trovare clienti e generare entrate, Musk riusciva a mantenere alta la motivazione del suo team, lavorando instancabilmente al loro fianco e dimostrando un impegno totale verso il successo dell'azienda.

Un aspetto spesso trascurato delle prime imprese di Musk è il modo in cui gestiva il feedback e l'iterazione del prodotto. Con Zip2, Musk era sempre attento alle esigenze dei clienti e ai feedback ricevuti, utilizzandoli per migliorare continuamente il prodotto. Questo approccio iterativo e centrato sul cliente si riflette anche in PayPal, dove l'azienda si adattava rapidamente alle esigenze degli utenti e ai cambiamenti del mercato, migliorando costantemente la piattaforma per garantire una migliore esperienza utente.

La gestione delle risorse umane e la cultura aziendale sono stati altri aspetti cruciali del successo di Musk. Sin dagli inizi con Zip2, Musk capì l'importanza di costruire una cultura aziendale forte, basata sulla collaborazione, l'innovazione e l'eccellenza. Questo approccio si è riflesso anche in X.com e PayPal, dove Musk ha sempre cercato di creare un ambiente di lavoro stimolante e motivante, capace di attrarre i migliori talenti del settore.

Le prime imprese di Musk hanno anche evidenziato la sua capacità di affrontare e superare le avversità. Nei primi anni di Zip2, Musk e suo fratello spesso dormivano in ufficio e lavoravano instancabilmente per mantenere a galla l'azienda. La loro capacità di persistere nonostante le difficoltà finanziarie e logistiche è un testamento alla resilienza e alla determinazione di Musk. Questa tenacia si rivelò fondamentale anche in X.com, dove le sfide tecniche e le difficoltà di integrazione con Confinity richiesero un'enorme quantità di lavoro e dedizione per essere superate.

L'esperienza di Musk con PayPal fu particolarmente formativa per la sua comprensione delle dinamiche aziendali e della gestione delle persone. La fusione con Confinity e la successiva lotta per il controllo dell'azienda insegnarono a Musk preziose lezioni sulla gestione delle relazioni interne e sulla necessità di bilanciare visioni strategiche divergenti. Nonostante la sua sostituzione come CEO, Musk rimase profondamente coinvolto nella direzione strategica dell'azienda, dimostrando una capacità di adattamento e un focus sul lungo termine che sarebbero diventati marchi di fabbrica del suo approccio imprenditoriale.

Il successo di Zip2 e PayPal non solo consolidò la reputazione di Musk come innovatore e imprenditore di successo, ma fornì anche le risorse finanziarie necessarie per intraprendere progetti ancora più ambiziosi. Con il capitale ottenuto dalla vendita di PayPal, Musk fu in grado di finanziare direttamente le sue future iniziative, riducendo la dipendenza da investitori esterni e permettendogli di mantenere un maggiore controllo sulle sue aziende. Questo livello di autonomia finanziaria fu cruciale per la realizzazione di progetti come SpaceX e Tesla, che richiedevano investimenti iniziali significativi e una visione a lungo termine.

Le prime esperienze imprenditoriali di Musk hanno anche rafforzato la sua convinzione nell'importanza di perseguire obiettivi ambiziosi. La sua capacità di vedere oltre le sfide immediate e di immaginare un futuro radicalmente diverso è stata una costante nel suo percorso. Questa visione a lungo termine, combinata con una meticolosa attenzione ai dettagli e un impegno incrollabile verso l'innovazione, ha permesso a Musk di costruire aziende che non solo hanno avuto successo finanziario, ma hanno anche trasformato interi settori.

In definitiva, le prime imprese di Elon Musk, Zip2 e X.com, rappresentano molto più che semplici successi imprenditoriali. Sono il riflesso di una mente visionaria capace di identificare opportunità, superare ostacoli e creare valore attraverso l'innovazione tecnologica. Queste esperienze hanno gettato le basi per le sue future imprese rivoluzionarie e hanno stabilito un modello di successo basato su una combinazione unica di visione, perseveranza e capacità di esecuzione.

Elon Musk, con le sue prime imprese Zip2 e X.com (che sarebbe poi diventata PayPal), non solo gettò le basi per il suo futuro imprenditoriale, ma mostrò anche una straordinaria capacità di anticipare le tendenze tecnologiche e di mercato. Una delle sue abilità più notevoli durante queste prime esperienze fu la sua capacità di combinare visione strategica con un'attenzione ai dettagli operativi, un tratto distintivo che sarebbe diventato un elemento centrale della sua carriera.

Nel contesto di Zip2, Musk fu uno dei primi a riconoscere il potenziale di Internet come piattaforma per le guide urbane e la pubblicità locale. La sua intuizione che i giornali avrebbero potuto trarre vantaggio da una presenza online fu rivoluzionaria per l'epoca. Musk lavorò instancabilmente per sviluppare un prodotto che fosse non solo tecnicamente avanzato, ma anche user-friendly. Questa attenzione all'usabilità e alla funzionalità fu un fattore chiave nel successo di Zip2, poiché permise ai clienti di vedere un chiaro valore aggiunto nella piattaforma.

L'esperienza con X.com e la successiva trasformazione in PayPal evidenziarono ulteriormente la capacità di Musk di identificare e sfruttare opportunità di mercato emergenti. Musk comprese che la sicurezza e la semplicità d'uso erano elementi cruciali per il successo di una piattaforma di pagamento online. A tal fine, investì significativamente nello sviluppo di tecnologie di crittografia avanzate per garantire la sicurezza delle transazioni, anticipando molte delle tecnologie di sicurezza che sarebbero diventate standard nell'industria dei pagamenti digitali.

Una delle lezioni più importanti che Musk apprese durante questi anni fu l'importanza della scalabilità. Entrambe le sue prime imprese richiedevano infrastrutture che potessero crescere rapidamente per soddisfare la domanda in espansione. Musk si assicurò che le piattaforme fossero progettate per essere scalabili, investendo in server e tecnologie che potevano gestire un crescente numero di utenti senza compromettere la performance. Questa attenzione alla scalabilità avrebbe influenzato significativamente la sua futura gestione di SpaceX e Tesla, dove la capacità di scalare rapidamente la produzione e le operazioni sarebbe stata fondamentale per il successo.

La capacità di Musk di costruire e mantenere relazioni strategiche fu un altro elemento critico del suo successo iniziale. Con Zip2, riuscì a stringere partnership con grandi nomi dell'industria dei media, aumentando la visibilità e la credibilità dell'azienda. Nel caso di X.com, la fusione con Confinity fu una mossa strategica che permise di combinare risorse e competenze complementari, creando una piattaforma di pagamento che era molto più forte della somma delle sue parti. Questa abilità di riconoscere e sfruttare opportunità di collaborazione è stata una costante nella carriera di Musk.

Durante il periodo di sviluppo di Zip2, Musk dimostrò anche una notevole capacità di gestione delle crisi. Quando l'azienda affrontò difficoltà finanziarie e logistiche, Musk lavorò instancabilmente per trovare soluzioni, spesso mettendo in gioco le proprie risorse personali per garantire la continuità delle operazioni. Questa determinazione e capacità di risolvere problemi complessi in situazioni di alta pressione furono caratteristiche che continuarono a definire il suo approccio imprenditoriale nei decenni successivi.

L'approccio di Musk alla raccolta fondi fu altrettanto innovativo. Durante i primi giorni di Zip2 e X.com, Musk capì che ottenere il sostegno degli investitori era cruciale per il successo delle sue iniziative. La sua capacità di articolare una visione chiara e convincente del potenziale delle sue aziende gli permise di raccogliere capitali significativi. La sua competenza nel navigare il mondo del capitale di rischio e nel costruire relazioni con investitori fu fondamentale per la crescita e il successo delle sue prime imprese.

La gestione del personale e la costruzione di team efficaci furono altre aree in cui Musk eccelse. Fin dai primi giorni di Zip2, Musk si circondò di persone talentuose e motivate, creando un ambiente di lavoro in cui l'innovazione e la collaborazione erano incoraggiate. La sua abilità di ispirare e motivare il suo team fu un elemento chiave del successo di Zip2 e PayPal. Musk sapeva riconoscere i talenti e li metteva in posizioni dove potevano avere il maggiore impatto, creando squadre coese e altamente produttive.

Le prime imprese di Musk mostrarono anche la sua capacità di adattamento. Durante lo sviluppo di X.com e la successiva fusione con Confinity, Musk dovette navigare attraverso molteplici sfide tecniche e strategiche. La sua flessibilità e la sua capacità di adattare rapidamente la strategia aziendale alle mutevoli condizioni del mercato furono fondamentali per il successo di PayPal. Questa abilità di adattamento e innovazione continua sarebbe diventata un elemento distintivo della gestione di Musk in tutte le sue successive imprese.

Un altro elemento chiave delle prime imprese di Musk fu la sua capacità di vedere oltre le tecnologie esistenti e immaginare applicazioni future. Con Zip2, Musk non solo sviluppò una guida urbana online, ma anticipò anche l'importanza delle mappe digitali e della localizzazione per la pubblicità e i servizi. Con X.com e PayPal, Musk vide il potenziale per un sistema di pagamento globale che potesse trasformare il commercio elettronico. Questa capacità di pensare in modo visionario e di vedere oltre l'orizzonte immediato ha permesso a Musk di creare prodotti e servizi che erano non solo innovativi, ma anche rivoluzionari.

L'approccio di Musk alla concorrenza è stato un altro aspetto significativo delle sue prime esperienze imprenditoriali. Con Zip2, affrontò la concorrenza di altre startup tecnologiche e dovette differenziarsi attraverso l'innovazione e la qualità del prodotto. Con PayPal, la concorrenza era ancora più intensa, con numerosi attori che cercavano di affermarsi nel mercato dei pagamenti online. Musk affrontò queste sfide con una combinazione di aggressività strategica e focus sull'innovazione, assicurandosi che i suoi prodotti fossero sempre un passo avanti rispetto alla concorrenza.

La vendita di Zip2 e PayPal rappresentò non solo un successo finanziario, ma anche una validazione della visione e delle capacità imprenditoriali di Musk. Questi successi gli fornirono il capitale e la fiducia necessari per perseguire progetti ancora più ambiziosi. La sua esperienza nella costruzione di aziende tecnologiche da zero gli fornì le competenze necessarie per affrontare le sfide ancora maggiori che avrebbe incontrato con SpaceX e Tesla.

Le prime esperienze imprenditoriali di Musk con Zip2 e X.com (PayPal) furono quindi molto più che semplici tappe nella sua carriera. Rappresentarono un periodo di intensa formazione e apprendimento, durante il quale sviluppò le competenze, la resilienza e la visione necessarie per diventare uno degli imprenditori più influenti e innovativi del nostro tempo. Questi anni furono caratterizzati da una combinazione unica di duro lavoro, innovazione continua e capacità di superare le avversità, stabilendo un modello di successo che Musk avrebbe seguito per tutta la sua carriera.

- Concludi il punto in modo molto dettagliato

Le prime esperienze imprenditoriali di Elon Musk con Zip2 e X.com, che poi divenne PayPal, sono state fondamentali nel formare le sue competenze e nel definire il suo approccio unico all'innovazione e al business. Questi anni iniziali non solo gli fornirono una solida base finanziaria, ma anche lezioni preziose che avrebbero informato tutte le sue successive imprese.

Zip2, la sua prima grande impresa, rappresentò per Musk una palestra per sviluppare e affinare le sue capacità imprenditoriali. Lavorare al fianco di suo fratello Kimbal e gestire un team in una startup durante gli anni '90 gli permise di comprendere l'importanza della resilienza, dell'adattamento e della perseveranza. Zip2 dimostrò anche la sua capacità di vedere oltre l'orizzonte immediato e di identificare tendenze emergenti, un'abilità che sarebbe stata cruciale nei suoi successivi progetti.

La vendita di Zip2 a Compaq per 307 milioni di dollari segnò un punto di svolta significativo, fornendo a Musk non solo il capitale per le sue future imprese, ma anche la fiducia di poter realizzare grandi visioni. Questo successo iniziale gli permise di lanciarsi in un progetto ancora più ambizioso: X.com.

Con X.com, Musk entrò nel settore dei servizi finanziari online con l'obiettivo di rivoluzionare i pagamenti elettronici. La fusione con Confinity, che portò alla nascita di PayPal, evidenziò la sua capacità di prendere decisioni strategiche cruciali e di collaborare efficacemente con altri leader del settore. PayPal non solo trasformò il modo in cui le persone effettuavano pagamenti online, ma divenne anche un pilastro fondamentale per l'e-commerce globale.

L'esperienza di gestire e far crescere PayPal attraverso sfide tecniche, concorrenza intensa e cambiamenti interni rafforzò ulteriormente la sua resilienza e la sua capacità di innovare sotto pressione. La vendita di PayPal a eBay per 1,5 miliardi di dollari consolidò la sua posizione come uno degli imprenditori più visionari e di successo della Silicon Valley.

Oltre ai successi finanziari, queste prime esperienze insegnarono a Musk l'importanza di costruire team forti, di essere adattabili e di mantenere un focus implacabile sull'innovazione e sulla qualità del prodotto. La capacità di attrarre e motivare talenti eccezionali fu un elemento chiave del successo di Zip2 e PayPal e continuò a essere una caratteristica distintiva delle sue future aziende.

Le lezioni apprese durante gli anni di Zip2 e PayPal prepararono Musk per le sfide ancora più grandi che avrebbe affrontato con SpaceX, Tesla, SolarCity, Neuralink e The Boring Company. La combinazione di competenze tecniche, capacità di raccolta fondi, gestione del rischio e resilienza sviluppate durante queste prime esperienze imprenditoriali fornirono una base solida su cui costruire i suoi futuri successi.

In conclusione, le prime imprese di Elon Musk non solo dimostrarono la sua straordinaria capacità di identificare e capitalizzare su opportunità emergenti, ma fornirono anche le fondamenta per il suo approccio unico all'innovazione e al business. Zip2 e PayPal furono molto più che semplici tappe nella sua carriera: rappresentarono momenti cruciali di apprendimento e crescita che avrebbero definito il suo percorso imprenditoriale e il suo impatto duraturo sul mondo della tecnologia e dell'industria. Le esperienze e le lezioni apprese durante questi anni iniziali continuarono a guidare Musk mentre affrontava nuove sfide e trasformava settori industriali con le sue visioni ambiziose e rivoluzionarie.

5. La Visione di SpaceX La fondazione di SpaceX, le sfide iniziali e i primi successi.

La Visione di SpaceX

Elon Musk fondò SpaceX, ufficialmente conosciuta come Space Exploration Technologies Corp., nel marzo 2002 con l'ambiziosa visione di ridurre drasticamente i costi dei viaggi spaziali e rendere possibile la colonizzazione di Marte. La sua motivazione principale era quella di garantire la sopravvivenza dell'umanità come specie multiplanetaria, vedendo la colonizzazione dello spazio come un'ancora di salvezza contro eventuali catastrofi che potrebbero colpire la Terra.

Le Sfide Iniziali

Le sfide iniziali per SpaceX furono immense. Musk investì personalmente 100 milioni di dollari dei suoi fondi derivanti dalla vendita di PayPal per avviare l'azienda. Tuttavia, l'industria spaziale è notoriamente costosa e complessa, e Musk dovette affrontare una serie di difficoltà tecniche, finanziarie e operative.

La prima grande sfida fu lo sviluppo del Falcon 1, il primo razzo interamente progettato e costruito da SpaceX. Il Falcon 1 doveva essere un razzo a basso costo, capace di portare piccoli satelliti in orbita. Il progetto del razzo richiese innovazione in diverse aree, tra cui l'ingegneria dei materiali, i sistemi di propulsione e l'avionica. Musk e il suo team dovettero affrontare numerosi problemi tecnici, tra cui guasti ai motori, problemi di stabilità e difficoltà nella gestione delle vibrazioni durante il lancio.

I primi tre lanci del Falcon 1 furono fallimenti. Il primo lancio, avvenuto il 24 marzo 2006, si concluse con un incendio al motore poco dopo il decollo. Il secondo lancio, il 21 marzo 2007, fallì a causa di un problema con la separazione dello stadio superiore. Il terzo lancio, il 3 agosto 2008, fallì a causa di un problema con la separazione dei due stadi del razzo. Ogni fallimento rappresentava una grave battuta d'arresto finanziaria e morale per SpaceX, e Musk ammise che, dopo il terzo fallimento, l'azienda era vicina alla bancarotta.

I Primi Successi

Nonostante le difficoltà, Musk e il suo team continuarono a lavorare instancabilmente. Il quarto lancio del Falcon 1, il 28 settembre 2008, fu un successo storico. Per la prima volta, un'azienda privata aveva sviluppato e lanciato un razzo a combustibile liquido in orbita. Questo successo fu cruciale per la sopravvivenza di SpaceX, attirando l'attenzione di potenziali clienti e investitori.

Poco dopo questo successo, la NASA assegnò a SpaceX un contratto per il Commercial Orbital Transportation Services (COTS) nell'ambito del programma Commercial Crew Development. Questo contratto prevedeva finanziamenti per lo sviluppo del razzo Falcon 9 e della capsula Dragon, destinati a trasportare rifornimenti e, in seguito, equipaggi umani verso la Stazione Spaziale Internazionale (ISS). Questo fu un momento decisivo per SpaceX, poiché il sostegno della NASA fornì non solo finanziamenti essenziali, ma anche una significativa credibilità.

Il Falcon 9, un razzo più grande e potente rispetto al Falcon 1, fu sviluppato per trasportare carichi utili maggiori in orbita terrestre bassa e oltre. Il primo lancio del Falcon 9 avvenne il 4 giugno 2010 ed ebbe successo. Questo successo fu seguito dal lancio della capsula Dragon il 8 dicembre 2010, che completò una missione di andata e ritorno in orbita, dimostrando la capacità di SpaceX di sviluppare veicoli spaziali avanzati.

Un altro momento storico per SpaceX fu il lancio del Falcon 9 il 22 maggio 2012, quando la capsula Dragon fu la prima navicella spaziale privata a raggiungere la ISS. Questo evento segnò l'inizio di una nuova era per l'esplorazione spaziale commerciale, dimostrando che le aziende private potevano competere con le agenzie spaziali governative.

Innovazione e Riutilizzabilità

Uno degli obiettivi principali di Musk per SpaceX era la riutilizzabilità dei razzi. La maggior parte dei razzi tradizionali venivano utilizzati una sola volta, rendendo ogni lancio estremamente costoso. Musk voleva cambiare questo paradigma rendendo i razzi riutilizzabili, riducendo così drasticamente i costi di accesso allo spazio.

Il 21 dicembre 2015, SpaceX riuscì per la prima volta a far atterrare un primo stadio del Falcon 9 dopo il lancio. Questo successo fu seguito da numerosi altri atterraggi riusciti, dimostrando che la riutilizzabilità dei razzi era non solo possibile, ma praticabile. La riutilizzabilità è diventata una caratteristica distintiva di SpaceX, consentendo all'azienda di abbassare i costi di lancio e di aumentare la frequenza delle missioni.

La Visione di Colonizzare Marte

La visione a lungo termine di Musk per SpaceX è la colonizzazione di Marte. Egli crede fermamente che per garantire la sopravvivenza a lungo termine dell'umanità, sia necessario diventare una specie multiplanetaria. SpaceX ha lavorato sullo sviluppo di Starship, un veicolo spaziale completamente riutilizzabile progettato per trasportare grandi quantità di carico e persone su Marte e oltre.

Starship è destinata a essere la navicella spaziale più avanzata mai costruita, con la capacità di effettuare missioni di lunga durata nello spazio profondo. Il progetto di Starship rappresenta un impegno significativo in termini di risorse e ingegneria, ma riflette la visione ambiziosa di Musk per il futuro dell'esplorazione spaziale.

Conclusione

La fondazione di SpaceX e i suoi primi anni di attività sono una testimonianza della visione, della determinazione e dell'innovazione di Elon Musk. Affrontando e superando enormi sfide tecniche e finanziarie, SpaceX è riuscita a trasformare l'industria spaziale, rendendo i viaggi spaziali più accessibili e ponendo le basi per la futura colonizzazione di Marte. I successi di SpaceX dimostrano che, con una visione chiara e una dedizione instancabile, è possibile realizzare anche i sogni più ambiziosi. La storia di SpaceX continua a essere scritta, con ogni nuovo traguardo che avvicina sempre di più l'umanità alla possibilità di diventare una specie multiplanetaria.

Elon Musk, con la fondazione di SpaceX, ha intrapreso una delle avventure più audaci della sua carriera, trasformando radicalmente il settore spaziale. L'idea di base era semplice quanto rivoluzionaria: ridurre drasticamente i costi di accesso allo spazio attraverso l'innovazione tecnologica e la riutilizzabilità dei razzi. Musk si rese conto che il modello tradizionale di costruire razzi monouso era economicamente insostenibile per l'espansione dell'esplorazione spaziale e la colonizzazione di altri pianeti.

L'approccio di Musk alla risoluzione dei problemi e alla progettazione ingegneristica era radicato nel principio dei "primi principi", una tecnica derivata dalla fisica. Questo metodo consiste nel decomporsi un problema nei suoi componenti fondamentali e ricostruirlo da zero, ignorando le convenzioni e le ipotesi tradizionali. Questo approccio ha permesso a SpaceX di ripensare il design dei razzi e di sviluppare tecnologie innovative che hanno ridotto i costi di produzione e migliorato l'efficienza.

Una delle prime innovazioni di SpaceX fu il motore Merlin, progettato e costruito internamente. Il motore Merlin, utilizzato nel razzo Falcon 1 e successivamente nel Falcon 9, è un motore a razzo alimentato a RP-1 (una forma altamente raffinata di cherosene) e ossigeno liquido. Il design efficiente del motore Merlin, combinato con la capacità di produzione interna di SpaceX, ha permesso di ridurre significativamente i costi rispetto ai motori a razzo tradizionali prodotti da appaltatori esterni.

Un'altra innovazione chiave è stata la struttura del razzo Falcon 9. A differenza di molti razzi concorrenti, Falcon 9 è progettato per essere riutilizzabile. Ciò comporta l'integrazione di tecnologie avanzate come le grid fins (alette reticolari) e i landing legs (gambe di atterraggio) che consentono al primo stadio del razzo di tornare sulla Terra e atterrare verticalmente. Questa capacità di recupero e riutilizzo dei razzi ha rivoluzionato l'industria, riducendo drasticamente i costi di lancio e aprendo nuove possibilità per l'esplorazione spaziale commerciale.

L'innovazione non si è fermata ai razzi. SpaceX ha anche sviluppato la capsula Dragon, progettata per trasportare carichi utili e, successivamente, astronauti verso la Stazione Spaziale Internazionale (ISS) e altri obiettivi in orbita terrestre. La capsula Dragon è diventata una componente fondamentale delle missioni di rifornimento della NASA verso la ISS. La capacità di SpaceX di progettare, costruire e lanciare un veicolo spaziale complesso come Dragon ha dimostrato la competenza ingegneristica dell'azienda e ha consolidato la sua posizione come leader nell'industria spaziale.

Il successo del programma Commercial Crew della NASA, in cui SpaceX ha giocato un ruolo centrale, ha rappresentato un altro traguardo significativo. Dopo anni di sviluppo, il primo volo con equipaggio della capsula Dragon Crew, chiamato Demo-2, decollò il 30 maggio 2020, trasportando gli astronauti Doug Hurley e Bob Behnken alla ISS. Questo volo storico segnò il primo lancio di astronauti dal suolo americano dal pensionamento dello Space Shuttle nel 2011, segnando una nuova era per l'esplorazione spaziale commerciale.

L'approccio di Musk alla gestione del rischio e all'innovazione continua è evidente anche nelle sue iniziative per migliorare la sicurezza e l'affidabilità dei lanci. SpaceX ha sviluppato un robusto programma di test che include sia test di volo sia test statici a terra. Questi test rigorosi sono progettati per identificare e risolvere problemi prima che possano causare fallimenti durante le missioni. Questa attenzione alla sicurezza e alla qualità ha contribuito a costruire la fiducia dei clienti e degli investitori, consolidando ulteriormente la posizione di SpaceX nel mercato.

Musk ha anche cercato di espandere le capacità di SpaceX oltre l'orbita terrestre bassa. La visione di colonizzare Marte ha portato allo sviluppo del veicolo spaziale Starship, un sistema di trasporto completamente riutilizzabile progettato per missioni nello spazio profondo. Starship è destinata a essere la navicella spaziale più avanzata mai costruita, con capacità di trasportare grandi carichi e un numero significativo di passeggeri su lunghe distanze interplanetarie. Il design modulare di Starship consente molteplici configurazioni per diverse missioni, rendendola una soluzione versatile per una varietà di applicazioni spaziali.

Un altro aspetto fondamentale della visione di Musk per SpaceX è l'idea di una sinergia tra le sue diverse imprese. Ad esempio, la riutilizzabilità dei razzi Falcon 9 non solo riduce i costi per SpaceX, ma può anche supportare l'espansione di altre sue aziende come Tesla. L'abbattimento dei costi di lancio potrebbe facilitare la messa in orbita di satelliti per progetti come Starlink, una costellazione di satelliti progettata per fornire Internet ad alta velocità a livello globale. Questa interconnessione tra le sue diverse iniziative dimostra la capacità di Musk di pensare in modo sistemico e di sfruttare le sinergie tra le sue aziende per raggiungere obiettivi più ampi.

La cultura aziendale di SpaceX è un altro elemento chiave del suo successo. Musk ha creato un ambiente di lavoro in cui l'innovazione è incoraggiata e dove i dipendenti sono spinti a superare i limiti delle possibilità. La cultura di SpaceX è caratterizzata da un'alta intensità di lavoro, un impegno per l'eccellenza e un forte focus sui risultati. Questo approccio ha attratto alcuni dei migliori talenti del settore aerospaziale e tecnologico, permettendo a SpaceX di continuare a innovare e a raggiungere traguardi straordinari.

Le sfide iniziali affrontate da SpaceX non hanno solo testato la resilienza di Musk e del suo team, ma hanno anche dimostrato che l'innovazione e la perseveranza possono superare ostacoli apparentemente insormontabili. Ogni fallimento ha rappresentato un'opportunità di apprendimento e miglioramento, rafforzando l'impegno dell'azienda a raggiungere i suoi ambiziosi obiettivi.

La visione di SpaceX di Musk ha ispirato non solo il settore aerospaziale, ma anche un'intera generazione di imprenditori e innovatori. La sua capacità di combinare una visione audace con una meticolosa attenzione ai dettagli ha stabilito un nuovo standard per ciò che è possibile nell'industria spaziale. Con ogni nuovo successo, SpaceX si avvicina sempre di più alla realizzazione della visione di Musk di rendere l'umanità una specie multiplanetaria, dimostrando che, con determinazione e innovazione, anche i sogni più ambiziosi possono diventare realtà.

La storia di SpaceX continua a evolversi, con ogni missione che rappresenta un passo avanti verso la realizzazione di obiettivi ancora più audaci. La visione di Musk di colonizzare Marte e di rendere lo spazio accessibile a tutti non è solo un sogno futuristico, ma una realtà in costruzione, grazie alla determinazione e all'innovazione che SpaceX ha portato nell'industria spaziale. Con ogni nuovo traguardo raggiunto, SpaceX dimostra che il futuro dell'esplorazione spaziale è più brillante e più accessibile che mai, grazie alla visione e alla leadership di Elon Musk.

Il viaggio di SpaceX verso l'innovazione continua e la riduzione dei costi spaziali è stato segnato da un continuo sforzo per migliorare la tecnologia e spingere i limiti di ciò che è possibile. Uno degli aspetti più distintivi di SpaceX è la sua capacità di effettuare rapidamente iterazioni sui suoi progetti. Invece di seguire il lungo e tradizionale processo di sviluppo ingegneristico, SpaceX adotta un approccio più simile a quello delle startup tecnologiche, in cui prototipi e versioni successive vengono rapidamente costruiti, testati e migliorati. Questo metodo agile ha permesso all'azienda di avanzare a un ritmo impressionante, portando a continui miglioramenti nei suoi razzi e veicoli spaziali.

Un esempio lampante di questo approccio è il programma Starship. Starship, il veicolo spaziale progettato per missioni interplanetarie, ha visto una serie di prototipi costruiti e testati in rapida successione presso le strutture di SpaceX a Boca Chica, Texas. Ogni test, anche quelli che terminano in esplosioni spettacolari, offre preziose informazioni che vengono immediatamente incorporate nelle versioni successive del prototipo. Questo ciclo di test rapidi e iterativi ha permesso a SpaceX di fare progressi significativi in un arco di tempo relativamente breve, avvicinando sempre di più la visione di Musk di missioni su Marte.

La strategia di riutilizzabilità dei razzi, che è stata una componente centrale della visione di SpaceX sin dall'inizio, ha subito continui miglioramenti. I razzi Falcon 9 e Falcon Heavy non solo sono in grado di atterrare verticalmente e essere riutilizzati, ma SpaceX ha anche lavorato per ridurre i tempi di turnaround tra i lanci. Questo significa che un razzo può essere preparato per un nuovo lancio in tempi sempre più brevi, aumentando notevolmente l'efficienza e abbassando i costi operativi. L'obiettivo finale di Musk è avere una frequenza di lancio simile a quella degli aerei, con razzi che possono essere lanciati, recuperati, riforniti e rilanciati in rapida successione.

Un altro sviluppo significativo è il programma Starlink, una costellazione di satelliti progettata per fornire accesso a Internet a banda larga a livello globale. Starlink non solo rappresenta un'impresa commerciale significativa per SpaceX, con il potenziale di generare miliardi di dollari di entrate annuali, ma supporta anche la visione di Musk di utilizzare le entrate per finanziare future missioni interplanetarie. Il dispiegamento di migliaia di satelliti Starlink ha dimostrato la capacità di SpaceX di eseguire operazioni su larga scala e di gestire complessi progetti tecnologici in orbita.

L'attenzione di Musk alla riduzione dei costi si estende anche alla produzione. SpaceX ha investito in tecniche di produzione avanzate, tra cui l'uso di materiali compositi, la stampa 3D di componenti e l'automazione della produzione. Queste innovazioni non solo migliorano la qualità e l'affidabilità dei prodotti di SpaceX, ma riducono anche i costi di produzione, rendendo i viaggi spaziali più accessibili. La fabbrica di SpaceX a Hawthorne, California, è un esempio di come l'integrazione verticale e l'uso di tecnologie all'avanguardia possano creare un vantaggio competitivo significativo nell'industria spaziale.

La collaborazione con agenzie spaziali come la NASA ha svolto un ruolo cruciale nel successo di SpaceX. I contratti con la NASA per il trasporto di rifornimenti e astronauti alla Stazione Spaziale Internazionale hanno fornito a SpaceX non solo finanziamenti essenziali, ma anche la possibilità di dimostrare la sua tecnologia su scala internazionale. La collaborazione con la NASA ha permesso a SpaceX di costruire una reputazione di affidabilità e innovazione, aprendo la strada a ulteriori opportunità commerciali e governative.

L'approccio di SpaceX alla gestione delle risorse umane e alla costruzione di una cultura aziendale innovativa è un altro elemento chiave del suo successo. Musk ha creato un ambiente in cui l'innovazione è non solo incoraggiata, ma premiata. La cultura di SpaceX è caratterizzata da un'alta intensità di lavoro, un impegno per l'eccellenza e un forte focus sui risultati. Questo approccio ha attratto alcuni dei migliori talenti del settore aerospaziale e tecnologico, permettendo a SpaceX di continuare a innovare e a raggiungere traguardi straordinari.

La visione di Musk per SpaceX non si limita alla sola tecnologia dei razzi. Egli immagina un futuro in cui l'umanità non solo esplorerà lo spazio, ma stabilirà colonie autosufficienti su altri pianeti. Questo implica lo sviluppo di infrastrutture per la produzione di cibo, la generazione di energia e la costruzione di habitat sostenibili. La capacità di SpaceX di innovare e risolvere problemi complessi sarà cruciale per realizzare questa visione. Musk ha spesso parlato della necessità di sviluppare tecnologie che possano supportare la vita su Marte, come la produzione di propellente in situ (ISRU) e sistemi di supporto vitale avanzati.

La capacità di SpaceX di adattarsi e innovare continuamente è stata evidenziata dalla sua risposta alle sfide globali, come la pandemia di COVID-19. Durante la pandemia, SpaceX ha continuato a lanciare missioni e a sviluppare nuove tecnologie, dimostrando una resilienza notevole. Questo impegno per la continuità operativa e l'innovazione anche in tempi di crisi è un riflesso della cultura aziendale costruita da Musk, in cui ogni sfida è vista come un'opportunità per migliorare e crescere.

L'impatto di SpaceX sull'industria spaziale è stato rivoluzionario, spingendo altri attori, sia governativi che privati, a riconsiderare le loro strategie e tecnologie. L'introduzione della riutilizzabilità e la riduzione dei costi hanno creato un nuovo paradigma, costringendo competitori come Boeing, Lockheed Martin e le agenzie spaziali nazionali a innovare per rimanere competitivi. SpaceX ha anche aperto la strada a una nuova era di partenariati pubblico-privato, dimostrando che le aziende private possono svolgere un ruolo chiave nell'esplorazione spaziale.

La visione di Musk per SpaceX è intrinsecamente legata alla sua filosofia di rendere l'umanità una specie multiplanetaria. Egli vede la colonizzazione di Marte non solo come un passo necessario per la sopravvivenza a lungo termine dell'umanità, ma anche come un'avventura epica che potrebbe unire l'umanità e ispirare generazioni future. La determinazione di Musk di raggiungere questo obiettivo si riflette in ogni aspetto delle operazioni di SpaceX, dalla progettazione dei razzi alla strategia aziendale complessiva.

In conclusione, la fondazione di SpaceX e i suoi primi successi sono una testimonianza della visione, della determinazione e dell'innovazione di Elon Musk. Le sfide iniziali, superate con resilienza e ingegnosità, hanno posto le basi per una serie di traguardi rivoluzionari che hanno trasformato l'industria spaziale. Con ogni nuovo lancio, SpaceX non solo avvicina l'umanità alla possibilità di esplorare e colonizzare altri pianeti, ma dimostra anche che l'innovazione continua e la visione audace possono superare le barriere più difficili e realizzare i sogni più ambiziosi. La storia di SpaceX è una storia di possibilità infinite, alimentata dalla convinzione che il cielo non è il limite, ma solo l'inizio.

SpaceX ha continuato a espandere i suoi orizzonti non solo attraverso l'innovazione tecnica, ma anche esplorando nuovi modelli di business che hanno rivoluzionato l'industria spaziale. Una delle iniziative più significative in questo senso è stata la creazione di un mercato commerciale per il lancio di satelliti. Tradizionalmente, i lanci di satelliti erano dominati da contratti governativi e appaltatori difensivi, ma SpaceX ha aperto il mercato a una gamma più ampia di clienti commerciali, offrendo prezzi competitivi e un servizio di lancio affidabile. Questo ha attirato clienti di alto profilo come SES, Iridium e diverse start-up tecnologiche, dimostrando che i lanci spaziali potevano essere accessibili anche a aziende più piccole.

La strategia di SpaceX di integrare verticalmente la produzione dei suoi razzi ha giocato un ruolo cruciale nel ridurre i costi. Invece di affidarsi a un gran numero di fornitori esterni, SpaceX ha sviluppato internamente molte delle componenti chiave dei suoi veicoli spaziali, dai motori ai sistemi di avionica. Questa integrazione verticale non solo ha permesso a SpaceX di controllare meglio la qualità e i costi di produzione, ma ha anche accelerato il processo di sviluppo e test. La capacità di iterare rapidamente su design e prototipi ha consentito all'azienda di rimanere all'avanguardia nell'innovazione tecnologica.

Un altro aspetto fondamentale della visione di Musk per SpaceX è stata la democratizzazione dello spazio. Musk ha spesso parlato della sua ambizione di rendere lo spazio accessibile a tutti, non solo alle grandi agenzie governative e alle aziende ben finanziate. Questo si è tradotto nella riduzione dei costi di lancio e nello sviluppo di tecnologie che potrebbero essere utilizzate per una varietà di applicazioni, dall'esplorazione scientifica alla commercializzazione dello spazio. SpaceX ha anche esplorato nuove modalità di viaggio spaziale, come i voli suborbitali per il turismo spaziale e i trasporti iperveloci tra continenti utilizzando la tecnologia dei razzi.

L'impegno di SpaceX per la sostenibilità non si limita alla riutilizzabilità dei razzi. L'azienda ha anche investito in tecnologie che potrebbero ridurre l'impatto ambientale dei lanci spaziali. Ad esempio, ha lavorato su motori che utilizzano propellenti più puliti e ha esplorato l'uso di materiali avanzati per ridurre il peso e migliorare l'efficienza dei razzi. Questi sforzi sono parte di una visione più ampia per un futuro sostenibile, che include la colonizzazione di Marte come un modo per garantire la sopravvivenza a lungo termine dell'umanità e per preservare la Terra.

La partnership di SpaceX con enti educativi e di ricerca ha aperto nuove possibilità per l'uso dello spazio. SpaceX ha collaborato con università, istituti di ricerca e organizzazioni non profit per sviluppare e lanciare satelliti scientifici e strumenti di ricerca. Questi progetti hanno permesso a scienziati e ingegneri di accedere allo spazio a costi inferiori, promuovendo l'innovazione e la scoperta scientifica. Inoltre, SpaceX ha avviato programmi educativi e di tirocinio per coinvolgere giovani talenti e formare la prossima generazione di ingegneri e scienziati spaziali.

Un altro pilastro della strategia di SpaceX è stata la trasparenza e la comunicazione aperta. Musk ha utilizzato piattaforme come Twitter per fornire aggiornamenti regolari sui progressi dell'azienda, condividere successi e fallimenti e interagire direttamente con il pubblico. Questa trasparenza ha costruito un forte senso di comunità e supporto intorno a SpaceX, contribuendo a mantenere alta la motivazione dei dipendenti e a costruire una solida base di sostenitori e fan in tutto il mondo. La comunicazione aperta ha anche rafforzato la fiducia dei clienti e degli investitori, dimostrando l'impegno di SpaceX per l'innovazione e il miglioramento continuo.

Le ambizioni interplanetarie di SpaceX si sono concretizzate ulteriormente con lo sviluppo di missioni specifiche verso Marte. Musk ha delineato piani dettagliati per inviare missioni cargo iniziali per preparare il terreno per future missioni umane. Questi piani includono l'invio di attrezzature per la produzione di propellente in loco, la costruzione di habitat sostenibili e lo sviluppo di tecnologie per l'estrazione di risorse locali. L'obiettivo è creare una base autosufficiente su Marte che possa fungere da punto di partenza per l'espansione dell'umanità nel sistema solare.

L'interesse di SpaceX per l'esplorazione spaziale non si limita a Marte. L'azienda ha anche sviluppato piani per missioni lunari, sfruttando la sua tecnologia avanzata per contribuire al ritorno dell'umanità sulla Luna. SpaceX ha vinto contratti con la NASA per sviluppare il sistema di atterraggio umano (HLS) come parte del programma Artemis, che mira a riportare gli astronauti sulla superficie lunare entro il decennio. Queste missioni non solo rappresentano un ritorno al nostro vicino celeste, ma fungono anche da banco di prova per le tecnologie che saranno necessarie per future missioni interplanetarie.

La visione di Musk per SpaceX include anche la creazione di una robusta economia spaziale. Egli immagina un futuro in cui lo spazio non sia solo un dominio di esplorazione scientifica, ma anche un luogo di attività economiche fiorenti. Questo potrebbe includere tutto, dalla produzione di alta tecnologia in microgravità, al turismo spaziale, fino alla possibile estrazione di risorse su asteroidi e altri corpi celesti. L'idea è che lo spazio possa diventare un'estensione dell'economia terrestre, con benefici per l'intera umanità.

Un altro sviluppo importante è stato il programma per portare astronauti privati nello spazio. SpaceX ha collaborato con aziende come Axiom Space e Space Adventures per sviluppare missioni che consentano a individui non appartenenti ad agenzie governative di viaggiare nello spazio. Questi voli spaziali privati rappresentano un passo significativo verso la democratizzazione dell'accesso allo spazio e l'apertura di nuove frontiere per l'industria del turismo spaziale.

L'espansione delle capacità di SpaceX ha anche portato a una maggiore collaborazione internazionale. L'azienda ha lavorato con numerose agenzie spaziali e partner internazionali per sviluppare e lanciare satelliti, nonché per partecipare a missioni scientifiche globali. Questa collaborazione ha contribuito a rafforzare le relazioni internazionali nel campo dell'esplorazione spaziale e a promuovere un senso di cooperazione globale nella ricerca di scoperte scientifiche e tecnologiche.

Il successo di SpaceX ha anche stimolato una nuova generazione di imprenditori e start-up nel settore spaziale. L'azienda ha dimostrato che è possibile innovare e avere successo in un campo tradizionalmente dominato da enti governativi e grandi appaltatori. Questo ha incoraggiato un'ondata di nuove imprese che cercano di sfruttare le opportunità nel settore spaziale, portando a un'era di intensa innovazione e competizione che potrebbe accelerare ulteriormente i progressi tecnologici.

Il ruolo di SpaceX nel ridefinire l'industria spaziale non può essere sottovalutato. La combinazione di innovazione tecnologica, modelli di business innovativi e una visione audace per il futuro ha reso SpaceX un leader indiscusso nel campo dell'esplorazione spaziale. Ogni successo ha spinto l'azienda a nuovi traguardi, avvicinando sempre di più l'umanità alla possibilità di diventare una specie multiplanetaria. Con ogni lancio, SpaceX continua a dimostrare che i limiti attuali possono essere superati e che il futuro dell'esplorazione spaziale è pieno di possibilità illimitate.

- Concludi il punto in modo molto dettagliato

La fondazione e il successo di SpaceX rappresentano una delle storie più straordinarie di innovazione e perseveranza nel campo dell'esplorazione spaziale. Elon Musk, con la sua visione audace di rendere l'umanità una specie multiplanetaria, ha trasformato un'industria tradizionalmente dominata da enti governativi e grandi appaltatori, introducendo concetti rivoluzionari e abbattendo barriere tecnologiche e finanziarie.

I primi anni di SpaceX furono caratterizzati da sfide tecniche e finanziarie immense. I ripetuti fallimenti dei primi lanci del Falcon 1 avrebbero potuto segnare la fine dell'azienda, ma la determinazione di Musk e la resilienza del suo team portarono al successo del quarto lancio, aprendo la strada a una serie di traguardi storici. Questo spirito di non arrendersi mai, anche di fronte a insuccessi apparentemente insormontabili, è diventato un elemento distintivo della cultura aziendale di SpaceX.

La capacità di SpaceX di innovare continuamente, attraverso lo sviluppo di tecnologie come i razzi riutilizzabili Falcon 9 e Falcon Heavy, ha ridotto significativamente i costi di accesso allo spazio. La riutilizzabilità dei razzi, in particolare, ha rivoluzionato l'industria, dimostrando che i viaggi spaziali possono essere economicamente sostenibili su larga scala. Questa innovazione ha non solo attratto nuovi clienti commerciali, ma ha anche stimolato la concorrenza, spingendo l'intera industria a innovare e migliorare.

L'introduzione della capsula Dragon, e successivamente della Dragon Crew, ha ulteriormente consolidato la posizione di SpaceX come leader nell'industria spaziale. Le missioni di rifornimento alla Stazione Spaziale Internazionale e il trasporto di astronauti hanno dimostrato l'affidabilità e la capacità dell'azienda di gestire missioni complesse. La storica missione Demo-2, che ha riportato astronauti nello spazio dal suolo americano dopo quasi un decennio, ha segnato l'inizio di una nuova era per l'esplorazione spaziale commerciale.

Starship, con la sua visione di viaggi interplanetari e colonizzazione di Marte, rappresenta la prossima frontiera per SpaceX. Questo veicolo spaziale, progettato per essere completamente riutilizzabile e capace di trasportare grandi carichi e numerosi passeggeri, è il fulcro della visione di Musk per il futuro. I rapidi progressi nello sviluppo e nei test di Starship, nonostante i frequenti fallimenti, mostrano la capacità di SpaceX di imparare rapidamente e di migliorare costantemente.

La strategia di integrare verticalmente la produzione, l'investimento in tecniche di produzione avanzate e l'uso di materiali innovativi hanno permesso a SpaceX di mantenere un vantaggio competitivo significativo. Questo approccio ha migliorato la qualità e ridotto i costi, rendendo i viaggi spaziali più accessibili e sostenibili.

La visione di SpaceX non si limita alla tecnologia e ai lanci spaziali, ma include la creazione di un'economia spaziale sostenibile. Programmi come Starlink, che mira a fornire accesso globale a Internet attraverso una costellazione di satelliti, non solo generano entrate significative, ma supportano anche le missioni interplanetarie. La capacità di SpaceX di sviluppare e

gestire questi progetti complessi dimostra la sua
versatilità e il suo impegno per l'innovazione continua.

Il ruolo di SpaceX nella promozione della
collaborazione internazionale è un altro aspetto
fondamentale del suo successo. Lavorando con agenzie
spaziali globali, università e organizzazioni di ricerca,
SpaceX ha contribuito a creare un ambiente di
cooperazione che promuove l'innovazione scientifica e
tecnologica a livello globale. Questo approccio ha
rafforzato le relazioni internazionali nel campo
dell'esplorazione spaziale e ha aperto nuove
opportunità per la scoperta e la ricerca.

La trasparenza e la comunicazione aperta di Elon Musk
e di SpaceX hanno costruito una forte connessione con
il pubblico e hanno rafforzato la fiducia dei clienti e
degli investitori. L'uso dei social media per condividere
progressi, successi e fallimenti ha creato una comunità
globale di sostenitori e ha dimostrato l'impegno
dell'azienda per l'innovazione e il miglioramento
continuo.

La storia di SpaceX è una testimonianza della potenza
della visione, della perseveranza e dell'innovazione. Da
umili inizi, l'azienda è cresciuta fino a diventare un
leader globale nell'esplorazione spaziale, trasformando
l'industria e aprendo nuove possibilità per l'umanità.
La visione di Musk di rendere l'umanità una specie
multiplanetaria non è solo un sogno futuristico, ma un
obiettivo tangibile che SpaceX sta avvicinando ogni
giorno di più alla realtà.

Ogni nuovo traguardo raggiunto da SpaceX rappresenta un passo avanti verso un futuro in cui lo spazio è accessibile a tutti e l'umanità può esplorare e colonizzare altri mondi. La capacità di SpaceX di superare le sfide, innovare costantemente e mantenere un impegno incrollabile verso la sua visione dimostra che i sogni più ambiziosi possono essere realizzati con determinazione e ingegno. La storia di SpaceX è solo all'inizio, e il suo impatto sull'industria spaziale e sull'umanità continuerà a crescere nei decenni a venire.

6. Tesla e la Rivoluzione dell'Elettrico L'acquisizione e lo sviluppo di Tesla, l'innovazione nel settore automobilistico e la crescita dell'azienda.

Tesla e la Rivoluzione dell'Elettrico

Elon Musk ha acquisito Tesla Motors nel 2004, un anno dopo la sua fondazione da parte di Martin Eberhard e Marc Tarpenning. Sebbene non sia il fondatore originale, Musk è stato fondamentale nel trasformare Tesla da una piccola startup in uno dei leader mondiali nel settore automobilistico. Il suo investimento iniziale di 6,5 milioni di dollari gli diede un controllo significativo sulla direzione dell'azienda, portandolo a diventare presidente del consiglio di amministrazione e successivamente CEO nel 2008.

L'obiettivo di Musk per Tesla era ambizioso: accelerare la transizione mondiale verso un futuro energetico sostenibile. Fin dall'inizio, Tesla si è distinta per la sua visione audace di creare veicoli elettrici di alta qualità, con prestazioni superiori e un design accattivante, sfidando l'industria automobilistica tradizionale dominata dai veicoli a combustione interna.

Il primo veicolo di produzione di Tesla, la Roadster, fu lanciato nel 2008. Basato sul telaio della Lotus Elise, la Roadster dimostrò che le auto elettriche potevano essere sportive, veloci e desiderabili. Con un'autonomia di circa 245 miglia per carica, la Roadster superò le aspettative e stabilì un nuovo standard per i veicoli elettrici. Tuttavia, il processo di sviluppo fu costoso e pieno di sfide tecniche, mettendo Tesla in una situazione finanziaria precaria.

Nonostante le difficoltà iniziali, Musk mantenne la sua visione e la Roadster fornì le basi finanziarie e tecnologiche per i successivi modelli di Tesla. Il passo successivo fu lo sviluppo della Model S, una berlina di lusso completamente elettrica. Lanciata nel 2012, la Model S rappresentò una rivoluzione nel settore automobilistico. Con un'autonomia di oltre 300 miglia, prestazioni eccezionali e un design elegante, la Model S ricevette elogi universali e numerosi premi, inclusi il Motor Trend Car of the Year.

La Model S introdusse anche una serie di innovazioni tecnologiche che avrebbero definito Tesla come un leader nel settore. Il sistema di aggiornamenti over-the-air (OTA) permise a Tesla di migliorare continuamente il software del veicolo senza che i proprietari dovessero recarsi in un'officina. Questo approccio innovativo non solo migliorò l'esperienza utente, ma anche la sicurezza e le prestazioni del veicolo nel tempo.

Successivamente, Tesla lanciò la Model X, un SUV completamente elettrico, nel 2015. Con caratteristiche uniche come le Falcon Wing Doors e un design focalizzato sulla sicurezza, la Model X estese ulteriormente il mercato di Tesla, dimostrando che l'azienda poteva competere in diversi segmenti dell'industria automobilistica.

Il vero cambiamento di paradigma arrivò con la Model 3, introdotta nel 2017. Con un prezzo di partenza significativamente inferiore rispetto ai modelli precedenti, la Model 3 fu progettata per il mercato di massa. Musk descrisse la Model 3 come un veicolo che avrebbe reso le auto elettriche accessibili a una più ampia fascia di consumatori, accelerando ulteriormente l'adozione di veicoli elettrici a livello globale. Nonostante i problemi iniziali di produzione, conosciuti come "production hell", Tesla riuscì a superare le sfide e a stabilire la Model 3 come uno dei veicoli elettrici più venduti al mondo.

Tesla continuò ad espandere la sua gamma di prodotti con la Model Y, un crossover SUV compatto, lanciato nel 2020. La Model Y, basata sulla piattaforma della Model 3, combinava la praticità di un SUV con l'efficienza e le prestazioni di un'auto elettrica. Questo modello contribuì ulteriormente alla crescita delle vendite di Tesla e alla diffusione dei veicoli elettrici.

Oltre ai veicoli, Tesla ha investito pesantemente in infrastrutture per supportare l'adozione di massa dei veicoli elettrici. La rete di Supercharger di Tesla, che offre ricariche rapide per i veicoli Tesla, è diventata una delle reti di ricarica più estese e affidabili al mondo. Questo ha ridotto significativamente le preoccupazioni relative all'autonomia e alla ricarica, rendendo i veicoli elettrici una scelta più praticabile per i consumatori.

Un altro elemento cruciale della strategia di Tesla è stato l'integrazione verticale della produzione. La costruzione della Gigafactory in Nevada, seguita da altre Gigafactory in diverse parti del mondo, ha permesso a Tesla di controllare la produzione delle batterie e di ridurre i costi. Le Gigafactory non solo producono batterie per i veicoli, ma anche per i prodotti di stoccaggio energetico di Tesla, come Powerwall e Powerpack. Questi prodotti consentono ai consumatori e alle aziende di immagazzinare energia solare, riducendo la dipendenza dalla rete elettrica tradizionale e promuovendo l'uso di energie rinnovabili.

Tesla ha anche esplorato soluzioni innovative per la generazione di energia. L'acquisizione di SolarCity nel 2016 ha permesso a Tesla di integrare la produzione di energia solare con i suoi sistemi di stoccaggio energetico, offrendo soluzioni complete per l'energia sostenibile. Il Solar Roof, un tetto solare progettato per sembrare un tetto tradizionale, è un esempio di come

Tesla stia cercando di rendere l'energia solare più accessibile e attraente per i consumatori.

Le innovazioni di Tesla non si limitano ai prodotti e alla produzione. L'azienda ha anche spinto i confini della guida autonoma con il suo sistema Autopilot e, più recentemente, Full Self-Driving (FSD). Questi sistemi utilizzano una combinazione di sensori, radar, telecamere e software avanzato per offrire funzionalità di guida assistita e, in futuro, guida completamente autonoma. Nonostante le sfide normative e di sicurezza, Tesla continua a sviluppare e migliorare queste tecnologie, con l'obiettivo di rendere le strade più sicure e migliorare la mobilità.

Il successo di Tesla ha avuto un impatto significativo sull'industria automobilistica globale. Le case automobilistiche tradizionali, inizialmente scettiche riguardo ai veicoli elettrici, hanno iniziato a investire massicciamente nello sviluppo di veicoli elettrici e nelle infrastrutture di ricarica. L'influenza di Tesla ha accelerato la transizione globale verso la mobilità sostenibile, portando a un aumento della concorrenza e a un'innovazione più rapida nel settore.

Tesla è diventata anche una delle aziende più preziose al mondo, con una capitalizzazione di mercato che ha superato quella di molte delle più grandi case automobilistiche tradizionali messe insieme. Questo successo finanziario ha permesso a Tesla di continuare a investire in ricerca e sviluppo, espandere le sue capacità produttive e esplorare nuove tecnologie.

La crescita di Tesla ha anche creato migliaia di posti di lavoro in tutto il mondo e ha stimolato l'economia in diverse regioni attraverso la costruzione di Gigafactory e altri impianti di produzione. L'impatto economico di Tesla va oltre i confini dell'azienda, influenzando positivamente le comunità in cui opera.

Elon Musk ha dimostrato che una visione audace, combinata con innovazione tecnologica e perseveranza, può trasformare interi settori industriali. La storia di Tesla è una testimonianza della capacità di sfidare lo status quo e di creare un cambiamento significativo nel mondo. Con ogni nuovo modello di veicolo, innovazione tecnologica e sviluppo di infrastrutture, Tesla continua a guidare la rivoluzione dell'elettrico e a promuovere un futuro energetico sostenibile.

In conclusione, l'acquisizione e lo sviluppo di Tesla da parte di Elon Musk hanno segnato un punto di svolta nell'industria automobilistica. Attraverso una combinazione di innovazione, integrazione verticale, e un impegno incrollabile verso la sostenibilità, Tesla ha trasformato la percezione dei veicoli elettrici e ha aperto la strada a un futuro in cui la mobilità sostenibile è una realtà tangibile. La visione di Musk per Tesla continua a spingere i confini dell'innovazione, mantenendo l'azienda all'avanguardia nel settore e influenzando positivamente il mondo intero.

Il viaggio di Tesla sotto la guida di Elon Musk è stato
caratterizzato da un'incessante ricerca di innovazione e
miglioramento. Una delle prime e più importanti sfide
che Tesla ha affrontato è stata quella di cambiare la
percezione pubblica delle auto elettriche. Prima
dell'avvento di Tesla, le auto elettriche erano spesso
viste come veicoli poco pratici, con scarsa autonomia e
prestazioni inferiori rispetto alle auto a combustione
interna. Musk e il suo team hanno lavorato per
invertire questa percezione, dimostrando che le auto
elettriche potevano essere non solo ecologiche, ma
anche estremamente performanti e desiderabili.

La strategia di Tesla è sempre stata quella di iniziare
con un prodotto di nicchia, il Roadster, per dimostrare
la fattibilità e l'appeal dei veicoli elettrici, per poi
passare a modelli più accessibili. Questa strategia è
stata descritta da Musk come un "piano in tre fasi":
prima il Roadster, poi la Model S e la Model X, e infine
la Model 3 e la Model Y, destinati al mercato di massa.
Questo approccio ha permesso a Tesla di accumulare
esperienza, ridurre i costi e migliorare le tecnologie
necessarie per produrre veicoli elettrici su larga scala.

Uno degli aspetti più notevoli dello sviluppo di Tesla è
stato il suo approccio alla batteria e alla gestione
dell'energia. La scelta di Tesla di utilizzare batterie agli
ioni di litio su larga scala è stata una decisione chiave
che ha influenzato l'intero settore. Le Gigafactory,
impianti di produzione di batterie su larga scala, sono
state costruite per garantire una fornitura stabile e a
basso costo di batterie, riducendo così i costi dei veicoli

elettrici e aumentando la loro accessibilità. La collaborazione con Panasonic è stata cruciale per il successo di queste iniziative, combinando l'esperienza di Tesla nella progettazione di veicoli con l'expertise di Panasonic nella produzione di batterie.

L'innovazione di Tesla si estende anche al software. Il sistema di aggiornamenti over-the-air (OTA) di Tesla ha rivoluzionato il modo in cui i veicoli vengono mantenuti e migliorati. Questo sistema permette a Tesla di inviare aggiornamenti software direttamente ai veicoli, migliorando le prestazioni, aggiungendo nuove funzionalità e risolvendo problemi senza che i proprietari debbano recarsi in un centro di assistenza. Questo approccio ha non solo migliorato l'esperienza utente, ma ha anche stabilito un nuovo standard per l'industria automobilistica.

Tesla ha anche spinto i confini della guida autonoma con il suo sistema Autopilot. L'Autopilot utilizza una combinazione di telecamere, radar, sensori ultrasonici e un potente software di intelligenza artificiale per fornire funzionalità avanzate di assistenza alla guida. Tesla sta continuamente migliorando questo sistema e sviluppando la sua tecnologia Full Self-Driving (FSD), con l'obiettivo finale di rendere la guida completamente autonoma una realtà. Nonostante le sfide regolamentari e le preoccupazioni di sicurezza, Tesla continua a innovare in questo campo, credendo fermamente che la guida autonoma possa ridurre drasticamente gli incidenti e migliorare la mobilità.

L'impegno di Tesla per la sostenibilità si estende oltre i veicoli elettrici. L'azienda ha investito significativamente in soluzioni di energia rinnovabile e di stoccaggio dell'energia. I prodotti come Powerwall, Powerpack e Megapack sono progettati per immagazzinare energia solare e altre fonti rinnovabili, rendendo possibile un uso più efficiente dell'energia e riducendo la dipendenza dai combustibili fossili. Questi sistemi sono utilizzati sia da privati che da aziende e utilities, contribuendo a stabilizzare le reti elettriche e a promuovere l'adozione di energie rinnovabili.

Un altro aspetto importante della crescita di Tesla è stato l'espansione globale. Tesla ha aperto Gigafactory in diverse parti del mondo, tra cui la Gigafactory di Shanghai in Cina e la Gigafactory di Berlino in Germania. Queste fabbriche non solo aumentano la capacità produttiva di Tesla, ma permettono anche all'azienda di servire meglio i mercati locali, riducendo i costi di trasporto e i tempi di consegna. L'espansione internazionale è una parte fondamentale della strategia di Tesla per diventare un leader globale nella mobilità sostenibile.

Tesla ha anche rivoluzionato il modello di vendita tradizionale delle automobili. Invece di utilizzare concessionarie indipendenti, Tesla vende direttamente ai consumatori attraverso i propri showroom e online. Questo approccio non solo riduce i costi e aumenta il controllo sulla customer experience, ma permette anche a Tesla di mantenere una relazione diretta con i clienti, offrendo un servizio post-vendita e assistenza di alta qualità.

L'influenza di Tesla ha spinto altre case automobilistiche a investire nella ricerca e sviluppo di veicoli elettrici e tecnologie di energia sostenibile. Aziende come General Motors, Ford, Volkswagen e BMW hanno annunciato piani ambiziosi per elettrificare le loro flotte, investendo miliardi di dollari in nuove tecnologie e infrastrutture. Questo effetto a catena ha accelerato l'adozione globale dei veicoli elettrici e ha promosso un'innovazione più rapida nel settore automobilistico.

La crescita di Tesla è stata accompagnata da sfide significative, inclusi problemi di produzione, controversie sul lavoro e critiche sulla sicurezza dei sistemi di guida autonoma. Tuttavia, l'azienda ha dimostrato una notevole capacità di superare queste sfide, mantenendo un forte focus sull'innovazione e sul miglioramento continuo. La leadership visionaria di Musk, combinata con la dedizione e il talento del team di Tesla, ha permesso all'azienda di affrontare e superare ostacoli che avrebbero potuto fermare molte altre aziende.

In conclusione, l'acquisizione e lo sviluppo di Tesla sotto la guida di Elon Musk hanno trasformato radicalmente il settore automobilistico e hanno promosso un cambiamento globale verso la mobilità sostenibile. Attraverso l'innovazione tecnologica, l'integrazione verticale della produzione, e un impegno

incrollabile verso la sostenibilità, Tesla ha dimostrato
che è possibile creare veicoli elettrici performanti e
desiderabili, cambiando per sempre la percezione del
pubblico e dell'industria riguardo ai veicoli elettrici. La
visione di Musk continua a spingere i confini
dell'innovazione, mantenendo Tesla all'avanguardia
del cambiamento e influenzando positivamente il
futuro del trasporto e dell'energia a livello globale.

Il ruolo di Tesla nell'evoluzione dell'industria
automobilistica va oltre la semplice produzione di
veicoli elettrici. Tesla ha introdotto una serie di
innovazioni che hanno trasformato l'intera esperienza
di possedere e guidare un'auto. Un esempio
significativo è l'interfaccia utente dei veicoli Tesla, che
è stata progettata per essere intuitiva e user-friendly,
con un grande schermo touchscreen che controlla
quasi tutte le funzioni dell'auto. Questo approccio
minimalista e tecnologicamente avanzato ha ridefinito
gli standard del design degli interni automobilistici.

Un'altra innovazione di Tesla è la rete di Supercharger,
che ha affrontato una delle principali preoccupazioni
dei consumatori riguardo ai veicoli elettrici:
l'autonomia e la ricarica. I Supercharger sono stazioni
di ricarica rapida che permettono ai proprietari di
Tesla di ricaricare le loro auto in modo rapido ed
efficiente durante i viaggi lunghi. Questa rete globale di
stazioni di ricarica ha ridotto l'ansia da autonomia,

rendendo i viaggi a lunga distanza con veicoli elettrici non solo possibili, ma anche convenienti.

Tesla ha anche investito nella ricerca e nello sviluppo di batterie più avanzate e nella produzione su larga scala di queste batterie. Le Gigafactory, come quella di Sparks, Nevada, sono impianti enormi progettati per produrre batterie agli ioni di litio in quantità sufficienti per sostenere la produzione di massa di veicoli elettrici. Queste fabbriche sono cruciali per ridurre i costi delle batterie, uno dei componenti più costosi dei veicoli elettrici, e per aumentare l'accessibilità dei veicoli elettrici a una fascia più ampia di consumatori.

L'attenzione di Tesla alla sostenibilità non si limita ai suoi prodotti. L'azienda ha implementato pratiche di produzione sostenibili e ha lavorato per ridurre l'impatto ambientale delle sue operazioni. Ad esempio, le Gigafactory sono progettate per essere efficienti dal punto di vista energetico, con l'obiettivo di essere alimentate principalmente da energie rinnovabili. Inoltre, Tesla ha sviluppato un sistema di riciclaggio delle batterie per ridurre i rifiuti e recuperare materiali preziosi, promuovendo un ciclo di vita più sostenibile per le batterie agli ioni di litio.

Un altro aspetto della visione di Musk per Tesla è l'integrazione della generazione di energia rinnovabile con la mobilità elettrica. L'acquisizione di SolarCity e lo sviluppo del Solar Roof sono esempi di come Tesla stia cercando di creare un ecosistema energetico completo. Il Solar Roof è un prodotto innovativo che combina la funzionalità di un tetto tradizionale con celle solari integrate, permettendo ai proprietari di generare energia solare per alimentare le loro case e i loro veicoli. Questo approccio olistico all'energia e alla mobilità sostenibile rappresenta una parte fondamentale della strategia di Tesla per ridurre la dipendenza dai combustibili fossili e promuovere l'adozione di energie rinnovabili.

La guida autonoma è un'altra area in cui Tesla ha fatto progressi significativi. Il sistema Autopilot, che fornisce assistenza avanzata alla guida, è stato continuamente migliorato attraverso aggiornamenti software. L'obiettivo finale di Tesla è sviluppare una tecnologia di guida completamente autonoma, che potrebbe trasformare radicalmente il trasporto. La guida autonoma ha il potenziale per ridurre drasticamente gli incidenti stradali, migliorare l'efficienza del traffico e fornire nuove opportunità di mobilità per persone che non possono guidare. Tesla ha investito pesantemente in intelligenza artificiale e machine learning per sviluppare questa tecnologia, e continua a testare e migliorare il suo sistema con l'obiettivo di ottenere la piena approvazione regolamentare.

L'impatto di Tesla si estende anche al settore delle flotte aziendali e dei trasporti commerciali. L'introduzione del Tesla Semi, un camion elettrico progettato per il trasporto a lunga distanza, mira a ridurre le emissioni nel settore del trasporto merci. Il Tesla Semi offre vantaggi significativi in termini di efficienza energetica e costi operativi rispetto ai camion diesel tradizionali, e ha attirato l'interesse di grandi aziende che vedono i vantaggi economici e ambientali della transizione a veicoli elettrici per le loro flotte.

La Model S Plaid, lanciata nel 2021, è un esempio dell'impegno di Tesla per l'innovazione e le prestazioni. Con un'accelerazione da 0 a 60 mph in meno di due secondi, la Model S Plaid è una delle auto più veloci al mondo, dimostrando che le auto elettriche non devono scendere a compromessi sulle prestazioni. Questo modello ha anche introdotto ulteriori miglioramenti nel design e nella tecnologia di bordo, stabilendo nuovi standard per i veicoli di lusso.

L'approccio di Tesla al marketing è un altro aspetto che ha contribuito al suo successo. A differenza di molte case automobilistiche tradizionali, Tesla spende molto poco in pubblicità tradizionale. Invece, l'azienda si affida a un forte passaparola, alla presenza sui social media e a eventi mediatici spettacolari per generare interesse e mantenere alta l'attenzione del pubblico. Elon Musk, con la sua personalità carismatica e la sua attività sui social media, gioca un ruolo cruciale in questa strategia, fungendo da principale portavoce e influenzando direttamente l'immagine pubblica dell'azienda.

Tesla ha anche avuto un impatto significativo sul mercato azionario. Le sue azioni hanno visto una crescita straordinaria, attirando un vasto numero di investitori individuali e istituzionali. La capitalizzazione di mercato di Tesla ha superato quella delle principali case automobilistiche tradizionali, riflettendo la fiducia degli investitori nella visione a lungo termine di Musk e nel potenziale di Tesla di trasformare l'industria automobilistica e energetica. Questo successo finanziario ha permesso a Tesla di raccogliere capitali significativi per finanziare ulteriori progetti di ricerca e sviluppo, espandere le capacità produttive e perseguire nuove opportunità di mercato.

La cultura aziendale di Tesla, fortemente influenzata dalla leadership di Musk, è caratterizzata da un alto livello di ambizione, innovazione e dedizione. I dipendenti di Tesla sono spesso descritti come altamente motivati e appassionati della missione dell'azienda di accelerare la transizione del mondo verso l'energia sostenibile. Questa cultura ha attratto talenti eccezionali da tutto il mondo, contribuendo a mantenere Tesla all'avanguardia dell'innovazione tecnologica.

Tesla ha anche giocato un ruolo significativo nella creazione di una catena di fornitura globale per veicoli elettrici e batterie. Collaborando con fornitori in tutto il mondo, Tesla ha contribuito a sviluppare e scalare le tecnologie necessarie per la produzione di massa di veicoli elettrici. Questa catena di fornitura globale ha non solo supportato la crescita di Tesla, ma ha anche stimolato l'innovazione e l'efficienza in tutto il settore.

L'espansione di Tesla nei mercati internazionali ha ulteriormente consolidato la sua posizione di leader globale. La costruzione di Gigafactory in Cina e in Europa ha permesso a Tesla di soddisfare meglio la domanda locale, ridurre i costi di produzione e aumentare la sua quota di mercato. Questi impianti non solo producono veicoli per i mercati locali, ma servono anche come centri di innovazione e sviluppo, contribuendo alla continua evoluzione delle tecnologie di Tesla.

In conclusione, la storia di Tesla sotto la guida di Elon Musk è una testimonianza della capacità di visione, innovazione e perseveranza di trasformare un'intera industria. Attraverso una combinazione di innovazioni tecnologiche, integrazione verticale, e un impegno incrollabile verso la sostenibilità, Tesla ha rivoluzionato il settore automobilistico e ha posto le basi per un futuro energetico sostenibile. Ogni nuovo modello di veicolo, ogni miglioramento tecnologico e ogni espansione delle capacità produttive avvicina Tesla alla realizzazione della sua visione di un mondo alimentato da energie rinnovabili e mobilità sostenibile. La storia di Tesla è ancora in corso, e il suo impatto continuerà a crescere, influenzando positivamente il futuro del trasporto e dell'energia a livello globale.

Tesla ha anche posto grande enfasi sulla sicurezza dei suoi veicoli, integrando tecnologie avanzate e innovazioni per garantire la massima protezione degli occupanti. I veicoli Tesla sono progettati con una struttura robusta e un baricentro basso, grazie alla disposizione delle batterie nel pavimento del veicolo, che migliora la stabilità e riduce il rischio di ribaltamento. I test di sicurezza indipendenti hanno ripetutamente riconosciuto Tesla come uno dei marchi più sicuri sul mercato, con valutazioni elevate da parte di organizzazioni come la National Highway Traffic Safety Administration (NHTSA) e l'Euro NCAP.

Un altro pilastro fondamentale della strategia di Tesla è la sua capacità di produrre energia rinnovabile a livello residenziale e commerciale. Oltre al Solar Roof, Tesla offre soluzioni come i pannelli solari tradizionali e i sistemi di accumulo di energia come Powerwall, Powerpack e Megapack. Questi sistemi permettono ai consumatori di generare e immagazzinare energia solare, riducendo la dipendenza dalla rete elettrica e contribuendo a un futuro più sostenibile. Tesla ha anche sviluppato software di gestione energetica avanzati che ottimizzano l'uso dell'energia, aumentando l'efficienza e riducendo i costi.

Il progetto di Tesla di costruire la più grande fabbrica di batterie del mondo, la Gigafactory, è stato un passo cruciale per ridurre i costi delle batterie e aumentare la produzione. La Gigafactory è stata progettata per essere alimentata principalmente da energie rinnovabili, inclusi pannelli solari e impianti eolici, in linea con l'impegno di Tesla per la sostenibilità. La produzione di batterie su larga scala ha permesso a Tesla di ridurre significativamente i costi per kilowattora, rendendo le auto elettriche più accessibili a una fascia più ampia di consumatori.

Un'altra innovazione significativa introdotta da Tesla è stata la funzione di aggiornamenti software over-the-air (OTA). Questa tecnologia permette ai veicoli Tesla di ricevere aggiornamenti software automaticamente, migliorando le funzionalità esistenti e aggiungendone di nuove senza la necessità di interventi fisici. Questo approccio non solo migliora continuamente l'esperienza di guida, ma anche la sicurezza e l'efficienza del veicolo, mantenendo i clienti sempre aggiornati con le ultime innovazioni tecnologiche.

L'attenzione di Tesla all'integrazione della tecnologia ha anche portato allo sviluppo di una delle reti di ricarica più estese e veloci al mondo. La rete di Supercharger di Tesla consente ai proprietari di veicoli elettrici di ricaricare rapidamente le loro auto durante i viaggi a lunga distanza. Questa infrastruttura ha ridotto significativamente le preoccupazioni relative all'autonomia dei veicoli elettrici, rendendo i viaggi a lunga distanza praticabili e convenienti per i proprietari di Tesla. La continua espansione di questa rete, con stazioni Supercharger situate strategicamente lungo le principali autostrade e nei centri urbani, ha ulteriormente rafforzato la posizione di Tesla come leader nel settore.

La strategia di Tesla non si limita solo ai veicoli privati e all'energia residenziale. L'azienda ha fatto incursioni significative nel settore del trasporto commerciale con il Tesla Semi, un camion completamente elettrico progettato per rivoluzionare il settore del trasporto merci. Il Tesla Semi offre una maggiore efficienza energetica, costi operativi ridotti e zero emissioni, rendendolo una scelta attraente per le aziende che cercano di ridurre la loro impronta di carbonio e migliorare l'efficienza logistica. Con un'autonomia sufficiente per coprire lunghe distanze e capacità di ricarica rapida, il Tesla Semi ha il potenziale per trasformare il settore dei trasporti pesanti.

L'innovazione di Tesla si estende anche alla progettazione e alla produzione dei veicoli. L'azienda ha introdotto nuove tecniche di produzione, come l'utilizzo di grandi presse a pressofusione per creare parti uniche del telaio del veicolo. Questo approccio riduce il numero di componenti necessari e aumenta la robustezza e l'efficienza della produzione. L'uso di materiali avanzati, come l'alluminio ad alta resistenza e acciai ultraresistenti, contribuisce a migliorare la sicurezza e le prestazioni dei veicoli Tesla.

Tesla ha anche stabilito nuovi standard per il design dei veicoli elettrici, con un focus sull'aerodinamica e l'efficienza. Il design dei veicoli Tesla è caratterizzato da linee pulite e un'estetica moderna che non solo migliora l'aspetto del veicolo, ma anche la sua efficienza energetica. L'attenzione ai dettagli nel design si riflette anche negli interni dei veicoli, dove l'uso di materiali di alta qualità e un'interfaccia utente intuitiva creano un'esperienza di guida lussuosa e tecnologicamente avanzata.

La guida autonoma è un'altra area in cui Tesla ha spinto i confini dell'innovazione. Il sistema Full Self-Driving (FSD) di Tesla mira a fornire capacità di guida completamente autonoma attraverso l'uso di sensori avanzati, telecamere e algoritmi di intelligenza artificiale. Sebbene la tecnologia sia ancora in fase di sviluppo e soggetta a regolamentazioni, Tesla ha già implementato funzionalità avanzate di assistenza alla guida che migliorano la sicurezza e il comfort dei conducenti. L'azienda continua a raccogliere dati e a migliorare il sistema FSD, con l'obiettivo di raggiungere la guida completamente autonoma in futuro.

L'influenza di Tesla ha anche spinto altre case automobilistiche a investire pesantemente nello sviluppo di veicoli elettrici e nelle tecnologie di energia sostenibile. Aziende come General Motors, Ford, Volkswagen e BMW hanno annunciato piani ambiziosi per elettrificare le loro flotte, investendo miliardi di dollari in nuove tecnologie e infrastrutture. Questo effetto a catena ha accelerato l'adozione globale dei veicoli elettrici e ha promosso un'innovazione più rapida nel settore automobilistico.

Tesla ha anche avuto un impatto significativo sul mercato azionario. Le sue azioni hanno visto una crescita straordinaria, attirando un vasto numero di investitori individuali e istituzionali. La capitalizzazione di mercato di Tesla ha superato quella delle principali case automobilistiche tradizionali, riflettendo la fiducia degli investitori nella visione a lungo termine di Musk e nel potenziale di Tesla di trasformare l'industria automobilistica e energetica. Questo successo finanziario ha permesso a Tesla di raccogliere capitali significativi per finanziare ulteriori progetti di ricerca e sviluppo, espandere le capacità produttive e perseguire nuove opportunità di mercato.

La cultura aziendale di Tesla, fortemente influenzata dalla leadership di Musk, è caratterizzata da un alto livello di ambizione, innovazione e dedizione. I dipendenti di Tesla sono spesso descritti come altamente motivati e appassionati della missione dell'azienda di accelerare la transizione del mondo verso l'energia sostenibile. Questa cultura ha attratto talenti eccezionali da tutto il mondo, contribuendo a mantenere Tesla all'avanguardia dell'innovazione tecnologica.

Tesla ha anche giocato un ruolo significativo nella creazione di una catena di fornitura globale per veicoli elettrici e batterie. Collaborando con fornitori in tutto il mondo, Tesla ha contribuito a sviluppare e scalare le tecnologie necessarie per la produzione di massa di veicoli elettrici. Questa catena di fornitura globale ha non solo supportato la crescita di Tesla, ma ha anche stimolato l'innovazione e l'efficienza in tutto il settore.

L'espansione di Tesla nei mercati internazionali ha ulteriormente consolidato la sua posizione di leader globale. La costruzione di Gigafactory in Cina e in Europa ha permesso a Tesla di soddisfare meglio la domanda locale, ridurre i costi di produzione e aumentare la sua quota di mercato. Questi impianti non solo producono veicoli per i mercati locali, ma servono anche come centri di innovazione e sviluppo, contribuendo alla continua evoluzione delle tecnologie di Tesla.

In conclusione, la storia di Tesla sotto la guida di Elon Musk è una testimonianza della capacità di visione, innovazione e perseveranza di trasformare un'intera industria. Attraverso una combinazione di innovazioni tecnologiche, integrazione verticale, e un impegno incrollabile verso la sostenibilità, Tesla ha rivoluzionato il settore automobilistico e ha posto le basi per un futuro energetico sostenibile. Ogni nuovo modello di veicolo, ogni miglioramento tecnologico e ogni espansione delle capacità produttive avvicina Tesla alla realizzazione della sua visione di un mondo alimentato da energie rinnovabili e mobilità sostenibile. La storia di Tesla è ancora in corso, e il suo impatto continuerà a crescere, influenzando positivamente il futuro del trasporto e dell'energia a livello globale.

- Concludi il punto in modo molto dettagliato

Tesla, sotto la guida visionaria di Elon Musk, ha non solo rivoluzionato l'industria automobilistica, ma ha anche creato un ecosistema di soluzioni energetiche sostenibili che stanno cambiando il modo in cui il mondo utilizza e gestisce l'energia. Il successo di Tesla è una combinazione di innovazione tecnologica, strategie di produzione avanzate, un forte impegno verso la sostenibilità e una cultura aziendale che promuove l'eccellenza e l'innovazione continua.

L'acquisizione e lo sviluppo di Tesla hanno permesso di dimostrare che i veicoli elettrici non solo possono competere con i veicoli a combustione interna, ma possono anche superarli in termini di prestazioni, sicurezza e design. La Roadster, la Model S, la Model X, la Model 3 e la Model Y sono tutte testimonianze di come Tesla abbia costantemente alzato gli standard per l'intera industria automobilistica. Ogni nuovo modello ha portato innovazioni che hanno spinto avanti la tecnologia dei veicoli elettrici e hanno ampliato la loro adozione globale.

Le Gigafactory di Tesla hanno svolto un ruolo cruciale nel ridurre i costi delle batterie e nel garantire una produzione su larga scala, rendendo i veicoli elettrici più accessibili a una vasta gamma di consumatori. Questi impianti, alimentati da energie rinnovabili, non solo producono batterie per veicoli, ma anche per soluzioni di stoccaggio energetico come Powerwall, Powerpack e Megapack, che consentono un utilizzo più efficiente dell'energia solare e altre fonti rinnovabili. Questo approccio integrato dimostra l'impegno di Tesla per la sostenibilità a lungo termine e la riduzione della dipendenza dai combustibili fossili.

Il sistema di aggiornamenti software over-the-air (OTA) ha rivoluzionato l'industria automobilistica, permettendo a Tesla di migliorare continuamente i suoi veicoli senza la necessità di visite in officina. Questo non solo migliora l'esperienza del cliente, ma anche la sicurezza e le prestazioni del veicolo. L'approccio di Tesla alla guida autonoma, attraverso l'Autopilot e il Full Self-Driving (FSD), rappresenta un'altra area in cui l'azienda sta spingendo i confini della tecnologia, con l'obiettivo di rendere le strade più sicure e migliorare la mobilità.

Tesla ha costruito una delle reti di ricarica più estese e veloci al mondo, riducendo l'ansia da autonomia e rendendo i viaggi a lunga distanza con veicoli elettrici praticabili e convenienti. La rete di Supercharger di Tesla è una componente chiave della strategia dell'azienda per supportare la crescita della mobilità elettrica e garantire che i clienti abbiano sempre accesso a una ricarica rapida e affidabile.

La visione di Elon Musk per Tesla non si limita ai veicoli elettrici, ma comprende un futuro in cui l'energia rinnovabile è ampiamente adottata e accessibile a tutti. L'acquisizione di SolarCity e lo sviluppo del Solar Roof sono esempi di come Tesla stia lavorando per creare un ecosistema energetico completo, che integra la generazione di energia rinnovabile con soluzioni di stoccaggio e gestione dell'energia. Questo approccio olistico mira a ridurre la dipendenza dai combustibili fossili e a promuovere un futuro energetico sostenibile.

Il successo finanziario di Tesla, riflesso nella sua capitalizzazione di mercato e nella crescita delle sue azioni, ha permesso all'azienda di raccogliere capitali significativi per finanziare ulteriori progetti di ricerca e sviluppo, espandere le capacità produttive e perseguire nuove opportunità di mercato. Questo successo ha anche attirato un vasto numero di investitori, che vedono in Tesla un leader del cambiamento globale verso l'energia sostenibile e la mobilità elettrica.

La cultura aziendale di Tesla, caratterizzata da un alto livello di ambizione, innovazione e dedizione, ha attratto talenti eccezionali da tutto il mondo e ha contribuito a mantenere l'azienda all'avanguardia dell'innovazione tecnologica. I dipendenti di Tesla sono altamente motivati e appassionati della missione dell'azienda, lavorando instancabilmente per realizzare la visione di Musk di un futuro sostenibile.

Tesla ha avuto un impatto significativo sul settore del trasporto commerciale con il Tesla Semi, un camion completamente elettrico progettato per rivoluzionare il settore del trasporto merci. Il Tesla Semi offre vantaggi significativi in termini di efficienza energetica, costi operativi ridotti e zero emissioni, rendendolo una scelta attraente per le aziende che cercano di ridurre la loro impronta di carbonio e migliorare l'efficienza logistica. Questo veicolo rappresenta un altro passo avanti nella missione di Tesla di trasformare tutti i settori del trasporto verso soluzioni più sostenibili.

In conclusione, l'acquisizione e lo sviluppo di Tesla da parte di Elon Musk hanno segnato un punto di svolta nell'industria automobilistica e energetica. Attraverso una combinazione di innovazioni tecnologiche, strategie di produzione avanzate, un forte impegno verso la sostenibilità e una cultura aziendale che promuove l'eccellenza e l'innovazione continua, Tesla ha dimostrato che i veicoli elettrici possono superare quelli a combustione interna in termini di prestazioni, sicurezza e design. La visione di Musk continua a spingere i confini dell'innovazione, mantenendo Tesla all'avanguardia del cambiamento e influenzando positivamente il futuro del trasporto e dell'energia a livello globale. La storia di Tesla è ancora in corso, e il suo impatto continuerà a crescere, promuovendo un futuro più sostenibile e avanzato per l'intera umanità.

7. SolarCity e l'Energia Sostenibile La creazione e l'integrazione di SolarCity in Tesla, il ruolo dell'energia solare.

SolarCity e l'Energia Sostenibile

La storia di SolarCity è profondamente intrecciata con la visione di Elon Musk per un futuro sostenibile. Fondata nel 2006 dai cugini di Musk, Lyndon e Peter Rive, SolarCity è nata con l'obiettivo di rendere l'energia solare più accessibile e diffusa. Musk, che ha visto immediatamente il potenziale dell'azienda per contribuire alla sua missione di ridurre la dipendenza globale dai combustibili fossili, è stato uno dei principali sostenitori e ha finanziato l'azienda fin dall'inizio. Musk è stato presidente del consiglio di amministrazione di SolarCity, fornendo una guida strategica e direzionale.

SolarCity ha rapidamente guadagnato una posizione di leadership nel mercato dell'energia solare residenziale negli Stati Uniti. L'azienda ha offerto un modello di business innovativo che ha reso l'energia solare più accessibile ai consumatori attraverso l'offerta di opzioni di leasing e finanziamenti che riducevano o eliminavano i costi iniziali per l'installazione dei pannelli solari. Questo modello ha permesso a molte famiglie di adottare l'energia solare senza dover affrontare l'elevato costo iniziale, rendendo la tecnologia solare molto più accessibile.

Uno dei punti di forza di SolarCity è stata la sua capacità di offrire soluzioni chiavi in mano. L'azienda si occupava di tutto, dalla progettazione all'installazione e alla manutenzione dei sistemi solari, rendendo il processo semplice e senza problemi per i clienti. Questo approccio ha contribuito a diffondere l'adozione dell'energia solare su scala nazionale, posizionando SolarCity come un leader di mercato.

Nel 2016, Tesla ha acquisito SolarCity per circa 2,6 miliardi di dollari in azioni. L'acquisizione è stata parte integrante della visione di Musk di creare un'azienda energetica integrata verticalmente che potesse offrire soluzioni complete per la generazione, l'immagazzinamento e l'uso dell'energia. L'idea era di combinare i veicoli elettrici di Tesla con i sistemi di energia solare e di stoccaggio energetico per creare un ecosistema sostenibile che riducesse la dipendenza dai combustibili fossili e promuovesse l'adozione delle energie rinnovabili.

L'integrazione di SolarCity in Tesla ha permesso all'azienda di sfruttare le sinergie tra i suoi prodotti e le sue tecnologie. Ad esempio, le batterie Powerwall e Powerpack di Tesla possono immagazzinare l'energia generata dai pannelli solari di SolarCity, permettendo ai consumatori di utilizzare l'energia solare anche quando il sole non splende. Questo non solo aumenta l'efficienza dell'uso dell'energia solare, ma offre anche una maggiore indipendenza energetica ai consumatori, riducendo la loro dipendenza dalla rete elettrica.

Uno dei prodotti più innovativi introdotti da Tesla post-acquisizione è stato il Solar Roof. Annunciato nel 2016, il Solar Roof è un tetto solare che integra celle fotovoltaiche direttamente nelle tegole, combinando l'estetica di un tetto tradizionale con la funzionalità di un sistema solare. Questo prodotto è stato progettato per attrarre i consumatori che desiderano un'opzione solare che non comprometta l'aspetto della loro casa. Il Solar Roof rappresenta un significativo passo avanti nell'adozione dell'energia solare, offrendo una soluzione che è sia esteticamente gradevole che altamente funzionale.

La produzione del Solar Roof e di altri prodotti solari è stata centralizzata nella Gigafactory 2 a Buffalo, New York. Questa fabbrica, costruita in collaborazione con il governo dello Stato di New York, è stata progettata per essere uno dei più grandi impianti di produzione di pannelli solari del mondo. La Gigafactory 2 non solo produce il Solar Roof, ma anche i pannelli solari tradizionali, contribuendo a ridurre i costi di produzione e a aumentare la capacità di produzione di Tesla.

L'integrazione di SolarCity in Tesla ha anche permesso di sviluppare software avanzati per la gestione dell'energia. Tesla ha creato un sistema di gestione energetica che ottimizza l'uso dell'energia generata dai pannelli solari e immagazzinata nelle batterie, massimizzando l'efficienza e riducendo i costi per i consumatori. Questo sistema può monitorare e gestire l'energia in tempo reale, offrendo ai consumatori un maggiore controllo sul loro consumo energetico e contribuendo a stabilizzare la rete elettrica.

L'acquisizione di SolarCity e lo sviluppo delle soluzioni di energia sostenibile hanno posizionato Tesla come un leader nel settore delle energie rinnovabili. L'azienda è ora in grado di offrire un ecosistema completo che copre tutti gli aspetti dell'energia, dalla generazione all'immagazzinamento all'uso, sia per i consumatori residenziali che per le aziende. Questo approccio integrato non solo promuove l'adozione delle energie rinnovabili, ma contribuisce anche a creare un futuro più sostenibile e a ridurre le emissioni di carbonio a livello globale.

L'impatto di SolarCity, ora parte di Tesla Energy, va oltre la semplice fornitura di energia solare. L'azienda ha contribuito a sensibilizzare l'opinione pubblica sull'importanza delle energie rinnovabili e ha dimostrato che l'energia solare può essere una soluzione praticabile e conveniente per un vasto pubblico. L'integrazione di soluzioni solari e di stoccaggio energetico ha anche promosso l'innovazione nel settore energetico, stimolando ulteriori investimenti e sviluppi tecnologici.

In conclusione, la creazione e l'integrazione di SolarCity in Tesla rappresentano un passo fondamentale nella realizzazione della visione di Elon Musk di un futuro sostenibile. Attraverso l'offerta di soluzioni energetiche integrate e avanzate, Tesla non solo ha rivoluzionato il settore dei veicoli elettrici, ma ha anche posto le basi per un cambiamento radicale nel modo in cui il mondo genera, immagazzina e utilizza l'energia. L'impegno di Tesla per l'innovazione continua e la sostenibilità promette di avere un impatto duraturo sul futuro dell'energia globale, promuovendo un ambiente più pulito e sostenibile per le generazioni future.

L'integrazione di SolarCity in Tesla ha permesso all'azienda di ampliare notevolmente il proprio portafoglio di prodotti e servizi, creando un ecosistema energetico che va oltre la semplice produzione di veicoli elettrici. Questo ecosistema comprende la generazione di energia solare, lo stoccaggio di energia e la gestione intelligente dell'energia, offrendo una soluzione completa per le esigenze energetiche sia residenziali che commerciali. Questo approccio integrato non solo aiuta i consumatori a ridurre la loro dipendenza dai combustibili fossili, ma promuove anche un uso più efficiente e sostenibile dell'energia.

Uno degli sviluppi più significativi di questa integrazione è stato il lancio dei Powerwall e Powerpack. Questi sistemi di stoccaggio energetico sono progettati per immagazzinare l'energia solare generata durante il giorno, permettendo ai consumatori di utilizzarla durante la notte o nei periodi di bassa produzione solare. Il Powerwall è rivolto principalmente al mercato residenziale, mentre il Powerpack è destinato a usi commerciali e industriali. Questi prodotti consentono una maggiore indipendenza energetica, riducendo la necessità di utilizzare la rete elettrica durante i picchi di domanda e contribuendo a stabilizzare le reti energetiche.

La capacità di Tesla di sviluppare e implementare soluzioni energetiche avanzate è stata ulteriormente potenziata dalla costruzione di Gigafactory 2 a Buffalo, New York. Questo impianto di produzione di pannelli solari, realizzato in collaborazione con il governo dello Stato di New York, ha permesso a Tesla di aumentare significativamente la sua capacità produttiva e di ridurre i costi dei pannelli solari. La Gigafactory 2 è un esempio di come Tesla stia lavorando per creare una produzione sostenibile su larga scala, utilizzando energie rinnovabili per alimentare le proprie operazioni e ridurre l'impatto ambientale.

Tesla ha anche investito nello sviluppo di software avanzati per la gestione dell'energia. Questi sistemi di gestione energetica sono progettati per ottimizzare l'uso dell'energia solare e dello stoccaggio, massimizzando l'efficienza e riducendo i costi per i consumatori. Il software può monitorare e gestire l'energia in tempo reale, offrendo ai consumatori un maggiore controllo sul loro consumo energetico e contribuendo a stabilizzare la rete elettrica. Questo approccio intelligente alla gestione dell'energia è un elemento chiave della strategia di Tesla per promuovere l'adozione delle energie rinnovabili e ridurre le emissioni di carbonio.

Un altro prodotto rivoluzionario introdotto da Tesla è il Solar Roof. Questo prodotto combina la funzionalità dei pannelli solari tradizionali con l'estetica di un tetto normale, offrendo ai consumatori una soluzione energetica sostenibile che non compromette l'aspetto della loro casa. Le tegole solari del Solar Roof sono progettate per essere durevoli e resistenti, con una garanzia a vita che assicura ai consumatori che il loro investimento durerà nel tempo. Il Solar Roof rappresenta un significativo passo avanti nell'adozione dell'energia solare, offrendo una soluzione che è sia esteticamente gradevole che altamente funzionale.

L'integrazione di SolarCity in Tesla ha anche portato a una maggiore attenzione alle soluzioni energetiche per le aziende e le utility. I sistemi di stoccaggio energetico di Tesla, come Powerpack e Megapack, sono progettati per supportare la stabilità delle reti elettriche e migliorare l'efficienza energetica per le grandi imprese. Questi sistemi possono essere utilizzati per immagazzinare energia durante i periodi di bassa domanda e rilasciarla durante i picchi di consumo, riducendo la necessità di costruire nuove centrali elettriche e contribuendo a stabilizzare la rete.

Tesla ha inoltre collaborato con numerose città e comuni per implementare soluzioni energetiche sostenibili su larga scala. Un esempio notevole è il progetto di microgrid a Ta'u, nelle Samoa Americane, dove Tesla ha installato un sistema di pannelli solari e batterie Powerpack per fornire energia a tutta l'isola. Questo sistema ha permesso a Ta'u di diventare autosufficiente dal punto di vista energetico, riducendo la dipendenza dai costosi e inquinanti generatori a diesel. Progetti come questo dimostrano il potenziale delle soluzioni energetiche integrate di Tesla per trasformare le comunità e promuovere la sostenibilità globale.

Tesla ha anche esplorato il potenziale della tecnologia V2G (Vehicle-to-Grid), che consente ai veicoli elettrici di restituire energia alla rete durante i picchi di domanda. Questa tecnologia non solo migliora l'efficienza energetica, ma offre anche ai proprietari di veicoli elettrici una nuova fonte di reddito, contribuendo alla stabilità della rete elettrica. La tecnologia V2G rappresenta un ulteriore passo avanti nell'integrazione dei veicoli elettrici nelle reti energetiche sostenibili, promuovendo un uso più efficiente e flessibile dell'energia.

L'impegno di Tesla per l'energia sostenibile si estende anche alla sua rete di Supercharger, che sta gradualmente diventando alimentata da energie rinnovabili. Tesla ha iniziato a installare pannelli solari presso le stazioni di ricarica Supercharger, con l'obiettivo di alimentare queste stazioni con energia solare. Questo non solo riduce l'impronta di carbonio delle stazioni di ricarica, ma dimostra anche l'impegno di Tesla per un futuro energetico sostenibile e rinnovabile.

La visione di Elon Musk per Tesla e SolarCity va oltre la semplice riduzione delle emissioni di carbonio; si tratta di creare un futuro in cui l'energia è abbondante, sostenibile e accessibile a tutti. Musk ha spesso parlato dell'importanza di sviluppare tecnologie che possono essere scalate su vasta scala per affrontare le sfide globali del cambiamento climatico e della sicurezza

energetica. La combinazione di energia solare, stoccaggio energetico e mobilità elettrica rappresenta un approccio integrato per affrontare queste sfide e promuovere una transizione verso un futuro energetico più sostenibile.

Tesla ha anche iniziato a esplorare partnership strategiche con altre aziende e governi per accelerare l'adozione delle energie rinnovabili. Queste collaborazioni includono progetti di sviluppo congiunto di infrastrutture energetiche, ricerca e sviluppo di nuove tecnologie e implementazione di soluzioni energetiche su larga scala. Ad esempio, Tesla ha collaborato con l'azienda di energia australiana Neoen per costruire la più grande batteria agli ioni di litio del mondo nel South Australia. Questo progetto, noto come Hornsdale Power Reserve, è stato progettato per stabilizzare la rete elettrica locale e prevenire blackout, dimostrando il potenziale delle grandi installazioni di stoccaggio energetico per migliorare la resilienza della rete.

Tesla sta anche espandendo il suo impatto globale, con progetti in tutto il mondo che dimostrano la fattibilità e i benefici delle soluzioni energetiche integrate. In Giappone, Tesla ha collaborato con le autorità locali per installare sistemi di stoccaggio energetico che aiutano a stabilizzare la rete in caso di disastri naturali. Questi sistemi forniscono una fonte di energia affidabile e sostenibile durante le emergenze, contribuendo a migliorare la sicurezza energetica e la resilienza delle comunità.

Un altro esempio dell'impatto globale di Tesla è il progetto di microgrid in Porto Rico, realizzato dopo l'uragano Maria. Tesla ha installato sistemi di energia solare e batterie Powerpack in diverse strutture critiche, come ospedali e scuole, per fornire energia sostenibile e resiliente. Questo progetto ha dimostrato come le soluzioni energetiche di Tesla possano aiutare le comunità a ricostruire e a migliorare la loro resilienza di fronte ai cambiamenti climatici e alle catastrofi naturali.

Tesla continua a innovare e a sviluppare nuove tecnologie per migliorare l'efficienza e l'efficacia delle sue soluzioni energetiche. La ricerca e lo sviluppo in aree come le batterie a stato solido, le celle solari ad alta efficienza e i sistemi di gestione energetica avanzati sono al centro delle strategie future di Tesla. Queste innovazioni hanno il potenziale di ridurre ulteriormente i costi e migliorare le prestazioni delle soluzioni energetiche, rendendole ancora più accessibili e attraenti per un pubblico globale.

La missione di Tesla di accelerare la transizione del mondo verso l'energia sostenibile è sostenuta da un forte impegno verso la trasparenza e la responsabilità ambientale. L'azienda pubblica regolarmente rapporti sulla sostenibilità, fornendo dettagli sulle sue iniziative per ridurre l'impatto ambientale, migliorare l'efficienza energetica e promuovere pratiche di produzione sostenibili. Questi rapporti dimostrano l'impegno di Tesla a operare in modo responsabile e a contribuire positivamente alla società e all'ambiente.

La visione di Elon Musk per un futuro sostenibile è profondamente radicata nell'idea che le tecnologie avanzate possono e devono essere utilizzate per migliorare la qualità della vita e proteggere il pianeta. Attraverso l'integrazione di SolarCity in Tesla, Musk ha creato un'azienda che è leader globale non solo nella mobilità elettrica, ma anche nelle soluzioni energetiche sostenibili. Questo appro

ccio integrato ha il potenziale di rivoluzionare il modo in cui il mondo produce, immagazzina e utilizza l'energia, promuovendo un futuro in cui l'energia rinnovabile è la norma piuttosto che l'eccezione.

Il Solar Roof, uno dei prodotti più iconici di Tesla post-acquisizione, rappresenta una fusione perfetta di tecnologia avanzata e design estetico. Queste tegole solari non solo producono energia, ma sono anche progettate per essere durevoli e attraenti. Il Solar Roof è disponibile in diverse varianti, ognuna delle quali imita l'aspetto delle tegole tradizionali, consentendo ai proprietari di case di adottare l'energia solare senza compromettere l'estetica del loro edificio. Questo prodotto è stato particolarmente popolare tra i consumatori che desiderano una soluzione energetica invisibile ma potente.

Tesla ha anche sviluppato e implementato soluzioni per l'integrazione delle energie rinnovabili con le reti elettriche tradizionali, contribuendo a creare reti più resilienti e flessibili. I progetti di microgrid, come quelli realizzati nelle isole del Pacifico e in altre regioni remote, dimostrano come le soluzioni di Tesla possano fornire energia affidabile e sostenibile anche in aree non servite dalle reti tradizionali. Questi progetti non solo migliorano la qualità della vita nelle comunità isolate, ma offrono anche modelli replicabili per altre regioni che cercano di migliorare la loro resilienza energetica.

L'uso delle batterie Powerwall e Powerpack in combinazione con i sistemi di energia solare di Tesla ha permesso ai consumatori di ridurre significativamente la loro dipendenza dalla rete elettrica. Durante i blackout o le emergenze, questi sistemi di stoccaggio energetico forniscono una fonte affidabile di energia, garantendo continuità e sicurezza. Questo è particolarmente importante in aree soggette a disastri naturali, dove l'accesso all'energia può essere cruciale per la sopravvivenza e la ricostruzione.

Tesla ha anche implementato soluzioni innovative per le aziende, aiutandole a ridurre i costi energetici e migliorare la sostenibilità. I sistemi di stoccaggio energetico su larga scala, come il Megapack, sono progettati per supportare le esigenze energetiche delle grandi aziende e delle utility, offrendo soluzioni scalabili e efficienti per l'immagazzinamento e la distribuzione dell'energia. Questi sistemi possono essere utilizzati per stabilizzare le reti elettriche, ridurre i costi operativi e aumentare l'uso delle energie rinnovabili.

Un altro aspetto cruciale della strategia di Tesla è l'educazione e la sensibilizzazione del pubblico sull'importanza delle energie rinnovabili. Attraverso iniziative educative, campagne di sensibilizzazione e collaborazioni con scuole e università, Tesla lavora per promuovere una maggiore comprensione e accettazione delle tecnologie energetiche sostenibili. Questi sforzi sono fondamentali per creare un cambiamento culturale e accelerare l'adozione delle energie rinnovabili a livello globale.

L'influenza di Tesla si estende anche al mercato finanziario, dove l'azienda ha dimostrato che le imprese focalizzate sulla sostenibilità possono essere altamente redditizie. Il successo finanziario di Tesla ha attirato un ampio numero di investitori, compresi quelli interessati agli investimenti sostenibili. Questo ha contribuito a promuovere una maggiore attenzione alle pratiche aziendali sostenibili e ha incoraggiato altre aziende a seguire l'esempio di Tesla, investendo in tecnologie verdi e riducendo il loro impatto ambientale.

La continua innovazione di Tesla nel campo delle energie rinnovabili e della mobilità elettrica ha posto l'azienda all'avanguardia del cambiamento tecnologico e ambientale. Con ogni nuovo prodotto, progetto e iniziativa, Tesla continua a dimostrare che è possibile creare un futuro energetico sostenibile, promuovendo al contempo la crescita economica e la creazione di posti di lavoro. La visione di Elon Musk per un mondo alimentato da energie rinnovabili sta diventando una realtà tangibile, grazie agli sforzi incessanti e alle innovazioni pionieristiche di Tesla.

In sintesi, la creazione e l'integrazione di SolarCity in Tesla rappresentano un capitolo fondamentale nella storia dell'energia sostenibile. Attraverso l'innovazione, la leadership visionaria e un impegno incrollabile verso la sostenibilità, Tesla ha rivoluzionato il settore dell'energia solare e ha creato un modello per il futuro dell'energia globale. La continua evoluzione e il successo di Tesla sono una testimonianza del potere della tecnologia di trasformare il mondo e di promuovere un futuro più pulito e sostenibile per tutti.

Tesla, con l'acquisizione di SolarCity, ha portato avanti una serie di innovazioni e iniziative che hanno ulteriormente consolidato la sua posizione di leader nel settore delle energie rinnovabili. Una delle iniziative più significative è stata la creazione di un ecosistema energetico integrato che combina generazione di energia solare, stoccaggio e gestione intelligente dell'energia. Questo ecosistema offre soluzioni complete sia per i consumatori residenziali che per le aziende, facilitando la transizione verso un futuro energetico sostenibile.

L'ecosistema energetico di Tesla comprende diversi prodotti chiave. Il Powerwall, una batteria domestica che immagazzina l'energia solare raccolta durante il giorno, permette ai proprietari di case di utilizzare questa energia durante la notte o nei periodi di bassa produzione solare. Il Powerpack e il Megapack sono versioni più grandi di questo sistema, progettate per supportare le esigenze energetiche di aziende e utility. Questi sistemi non solo migliorano l'efficienza energetica, ma offrono anche una fonte di energia affidabile durante i blackout e le emergenze.

La Gigafactory 2 di Buffalo, New York, è un elemento cruciale della strategia di Tesla per l'espansione della capacità produttiva e la riduzione dei costi dei pannelli solari. Questa fabbrica è stata costruita in collaborazione con il governo dello Stato di New York, che ha fornito incentivi significativi per sostenere la produzione di energia solare. La Gigafactory 2 è una delle più grandi fabbriche di pannelli solari al mondo e produce non solo il Solar Roof, ma anche pannelli solari tradizionali, contribuendo a ridurre i costi di produzione e a soddisfare la crescente domanda globale di energia solare.

Un'altra innovazione chiave introdotta da Tesla è stata la funzione di aggiornamenti software over-the-air (OTA) per i suoi prodotti energetici. Questo sistema permette a Tesla di inviare aggiornamenti software direttamente ai dispositivi, migliorando le funzionalità, risolvendo problemi e aggiungendo nuove caratteristiche senza la necessità di interventi fisici. Questo approccio ha migliorato notevolmente l'esperienza del cliente, permettendo a Tesla di mantenere i suoi prodotti all'avanguardia e di rispondere rapidamente ai cambiamenti nel mercato e nelle esigenze dei consumatori.

Tesla ha anche lavorato per creare soluzioni energetiche sostenibili per intere comunità e città. Un esempio notevole è il progetto realizzato nelle Samoa

Americane, dove Tesla ha installato un sistema di microgrid che combina pannelli solari e batterie Powerpack per fornire energia a tutta l'isola. Questo progetto ha permesso a Ta'u di diventare autosufficiente dal punto di vista energetico, riducendo la dipendenza dai costosi e inquinanti generatori a diesel. Questo modello di microgrid è replicabile in altre regioni remote e può contribuire a migliorare la resilienza energetica delle comunità di tutto il mondo.

Tesla ha inoltre esplorato il potenziale delle tecnologie Vehicle-to-Grid (V2G), che consentono ai veicoli elettrici di restituire energia alla rete durante i picchi di domanda. Questa tecnologia non solo migliora l'efficienza energetica, ma offre anche ai proprietari di veicoli elettrici una nuova fonte di reddito, contribuendo alla stabilità della rete elettrica. La tecnologia V2G rappresenta un ulteriore passo avanti nell'integrazione dei veicoli elettrici nelle reti energetiche sostenibili, promuovendo un uso più efficiente e flessibile dell'energia.

La rete di Supercharger di Tesla, che è in continua espansione, sta gradualmente diventando alimentata da energie rinnovabili. Tesla ha iniziato a installare pannelli solari presso le stazioni di ricarica Supercharger, con l'obiettivo di alimentare queste stazioni con energia solare. Questo non solo riduce l'impronta di carbonio delle stazioni di ricarica, ma dimostra anche l'impegno di Tesla per un futuro energetico sostenibile e rinnovabile.

Un altro importante sviluppo è stato l'adozione di tecnologie avanzate di intelligenza artificiale per migliorare la gestione energetica. Tesla ha sviluppato algoritmi di machine learning per ottimizzare l'uso dell'energia generata dai pannelli solari e immagazzinata nelle batterie, massimizzando l'efficienza e riducendo i costi per i consumatori. Questi algoritmi possono analizzare grandi quantità di dati in tempo reale, adattandosi alle variazioni della domanda e dell'offerta di energia per garantire una gestione ottimale delle risorse energetiche.

L'educazione e la sensibilizzazione del pubblico sull'importanza delle energie rinnovabili sono stati altri pilastri della strategia di Tesla. Attraverso iniziative educative, campagne di sensibilizzazione e collaborazioni con scuole e università, Tesla lavora per promuovere una maggiore comprensione e accettazione delle tecnologie energetiche sostenibili. Questi sforzi sono fondamentali per creare un cambiamento culturale e accelerare l'adozione delle energie rinnovabili a livello globale.

Tesla ha anche dimostrato che le imprese focalizzate sulla sostenibilità possono essere altamente redditizie. Il successo finanziario di Tesla ha attirato un ampio numero di investitori, compresi quelli interessati agli investimenti sostenibili. Questo ha contribuito a promuovere una maggiore attenzione alle pratiche aziendali sostenibili e ha incoraggiato altre aziende a seguire l'esempio di Tesla, investendo in tecnologie verdi e riducendo il loro impatto ambientale.

L'impegno di Tesla per l'innovazione continua si riflette anche nella ricerca e sviluppo di nuove tecnologie per migliorare l'efficienza e l'efficacia delle sue soluzioni energetiche. La ricerca in aree come le batterie a stato solido, le celle solari ad alta efficienza e i sistemi di gestione energetica avanzati sono al centro delle strategie future di Tesla. Queste innovazioni hanno il potenziale di ridurre ulteriormente i costi e migliorare le prestazioni delle soluzioni energetiche, rendendole ancora più accessibili e attraenti per un pubblico globale.

La visione di Elon Musk per un futuro sostenibile è profondamente radicata nell'idea che le tecnologie avanzate possono e devono essere utilizzate per migliorare la qualità della vita e proteggere il pianeta. Attraverso l'integrazione di SolarCity in Tesla, Musk ha creato un'azienda che è leader globale non solo nella mobilità elettrica, ma anche nelle soluzioni energetiche sostenibili. Questo approccio integrato ha il potenziale di rivoluzionare il modo in cui il mondo produce, immagazzina e utilizza l'energia, promuovendo un futuro in cui l'energia rinnovabile è la norma piuttosto che l'eccezione.

La continua evoluzione e il successo di Tesla sono una testimonianza del potere della tecnologia di trasformare il mondo e di promuovere un futuro più pulito e sostenibile per tutti. Ogni nuovo prodotto, progetto e iniziativa di Tesla avvicina l'azienda alla realizzazione della sua visione di un mondo alimentato da energie rinnovabili e mobilità sostenibile. La storia di Tesla è ancora in corso, e il suo impatto continuerà a crescere, influenzando positivamente il futuro del trasporto e dell'energia a livello globale.

- Concludi il punto in modo molto dettagliato

La creazione e l'integrazione di SolarCity in Tesla rappresentano un capitolo significativo nella storia dell'energia sostenibile e riflettono la visione di Elon Musk di un futuro energetico completamente rinnovabile. Con l'acquisizione di SolarCity, Tesla ha ampliato la sua missione di accelerare la transizione mondiale verso un'energia sostenibile, combinando mobilità elettrica, energia solare e stoccaggio di energia in un unico ecosistema integrato.

Tesla ha trasformato SolarCity, originariamente focalizzata principalmente sull'installazione di pannelli solari residenziali e commerciali, in una parte fondamentale della sua strategia energetica globale. Questo approccio ha permesso a Tesla di offrire soluzioni complete per la gestione energetica, consentendo ai consumatori di generare, immagazzinare e utilizzare energia rinnovabile in modo efficiente e sostenibile. La Gigafactory 2 a Buffalo ha svolto un ruolo cruciale in questa trasformazione, consentendo a Tesla di produrre pannelli solari e componenti per il Solar Roof su larga scala, riducendo i costi e aumentando la disponibilità di queste tecnologie avanzate.

L'integrazione di SolarCity ha portato a un'espansione significativa delle capacità di Tesla nel settore delle energie rinnovabili, permettendo all'azienda di sviluppare e implementare soluzioni innovative come il Solar Roof, il Powerwall e il Powerpack. Questi prodotti hanno reso possibile per i consumatori e le aziende di tutto il mondo adottare l'energia solare e migliorare la loro indipendenza energetica, contribuendo al contempo a ridurre le emissioni di carbonio e a promuovere la sostenibilità ambientale.

Tesla ha anche dimostrato il potenziale delle soluzioni energetiche integrate attraverso progetti di microgrid e sistemi di stoccaggio energetico su larga scala, che hanno migliorato la resilienza delle reti elettriche e ridotto la dipendenza dai combustibili fossili in diverse comunità. Questi progetti, come quelli realizzati nelle Samoa Americane e in Porto Rico, hanno fornito energia affidabile e sostenibile a regioni remote e vulnerabili, migliorando la qualità della vita e dimostrando il valore delle tecnologie energetiche di Tesla.

Il successo di Tesla nel settore delle energie rinnovabili è stato ulteriormente rafforzato dall'adozione di tecnologie avanzate di intelligenza artificiale e machine learning per la gestione energetica. Questi sistemi intelligenti ottimizzano l'uso dell'energia generata dai pannelli solari e immagazzinata nelle batterie, garantendo un'efficienza massima e costi ridotti per i consumatori. Questo approccio ha permesso a Tesla di offrire soluzioni energetiche che non sono solo sostenibili, ma anche economicamente vantaggiose.

L'educazione e la sensibilizzazione del pubblico sull'importanza delle energie rinnovabili sono stati altri pilastri della strategia di Tesla. Attraverso campagne di sensibilizzazione, iniziative educative e collaborazioni con istituzioni accademiche, Tesla ha lavorato per promuovere una maggiore comprensione e accettazione delle tecnologie energetiche sostenibili. Questi sforzi sono fondamentali per creare un cambiamento culturale e accelerare l'adozione delle energie rinnovabili a livello globale.

L'impatto finanziario di Tesla nel settore delle energie rinnovabili ha dimostrato che le imprese focalizzate sulla sostenibilità possono essere altamente redditizie. Il successo finanziario di Tesla ha attirato un ampio numero di investitori, compresi quelli interessati agli investimenti sostenibili. Questo ha contribuito a promuovere una maggiore attenzione alle pratiche aziendali sostenibili e ha incoraggiato altre aziende a seguire l'esempio di Tesla, investendo in tecnologie verdi e riducendo il loro impatto ambientale.

In conclusione, l'integrazione di SolarCity in Tesla ha permesso all'azienda di diventare un leader globale non solo nella mobilità elettrica, ma anche nelle soluzioni energetiche sostenibili. Attraverso l'innovazione, la leadership visionaria e un impegno incrollabile verso la sostenibilità, Tesla ha dimostrato che è possibile creare un futuro energetico sostenibile, promuovendo al contempo la crescita economica e la creazione di posti di lavoro. Ogni nuovo prodotto, progetto e iniziativa di Tesla avvicina l'azienda alla realizzazione della sua visione di un mondo alimentato da energie rinnovabili e mobilità sostenibile. La storia di Tesla è ancora in corso, e il suo impatto continuerà a crescere, influenzando positivamente il futuro del trasporto e dell'energia a livello globale, e dimostrando che un futuro sostenibile è non solo possibile, ma anche inevitabile con la giusta combinazione di innovazione, dedizione e visione.

8. Hyperloop e il Futuro del Trasporto La concezione dell'Hyperloop e il suo potenziale impatto sui trasporti globali.

Hyperloop e il Futuro del Trasporto

L'idea dell'Hyperloop, concepita da Elon Musk, rappresenta un'altra delle sue visioni audaci per il futuro del trasporto. Annunciata per la prima volta nel 2013 tramite un documento tecnico pubblicato da SpaceX e Tesla, l'Hyperloop propone un sistema di trasporto ad alta velocità che utilizza capsule magneticamente levitate all'interno di tubi a bassa pressione. Questo concetto ha il potenziale di rivoluzionare il trasporto di persone e merci, riducendo drasticamente i tempi di viaggio e migliorando l'efficienza energetica.

L'Hyperloop è progettato per affrontare alcuni dei principali problemi legati ai trasporti moderni, come la congestione del traffico, le emissioni di carbonio e i lunghi tempi di viaggio. Il sistema promette velocità superiori a 1000 km/h, permettendo di coprire distanze significative in una frazione del tempo necessario con i metodi di trasporto tradizionali. Ad esempio, un viaggio da Los Angeles a San Francisco, che normalmente richiede diverse ore in auto o in treno, potrebbe essere completato in circa 30 minuti con l'Hyperloop.

Una delle innovazioni chiave dell'Hyperloop è l'uso di tubi a bassa pressione per ridurre la resistenza dell'aria, combinato con la levitazione magnetica per eliminare l'attrito tra la capsula e i binari. Questa combinazione consente di raggiungere velocità molto elevate con un consumo energetico relativamente basso. Inoltre, l'energia per alimentare il sistema potrebbe essere fornita da pannelli solari installati lungo il percorso, rendendo l'Hyperloop un mezzo di trasporto potenzialmente autosufficiente dal punto di vista energetico e sostenibile.

Elon Musk, pur avendo proposto l'idea, ha scelto di non sviluppare direttamente il progetto attraverso SpaceX o Tesla. Invece, ha aperto il concetto all'innovazione collaborativa, incoraggiando altre aziende e istituzioni a sviluppare la tecnologia. Questo approccio ha portato alla nascita di diverse aziende che lavorano per trasformare l'Hyperloop in realtà, tra cui Virgin Hyperloop, Hyperloop Transportation

Technologies e altre start-up innovative. SpaceX ha contribuito ulteriormente ospitando una serie di competizioni di progettazione e test per gli studenti universitari, incentivando la ricerca e lo sviluppo nel settore.

Il potenziale impatto dell'Hyperloop sui trasporti globali è significativo. Innanzitutto, il sistema potrebbe ridurre la congestione nelle aree urbane e interurbane, offrendo un'alternativa rapida ed efficiente ai viaggi aerei e stradali. Questo potrebbe portare a una riduzione delle emissioni di carbonio e a un miglioramento della qualità dell'aria nelle città, contribuendo alla lotta contro il cambiamento climatico. Inoltre, l'Hyperloop potrebbe stimolare lo sviluppo economico nelle regioni servite, facilitando il commercio e la mobilità delle persone.

La costruzione di un'infrastruttura Hyperloop richiede investimenti significativi e superamento di diverse sfide tecniche e regolamentari. La necessità di costruire tubi a bassa pressione su lunghe distanze, garantire la sicurezza dei passeggeri e ottenere le approvazioni regolamentari rappresentano alcune delle principali sfide. Tuttavia, i progressi tecnologici e l'interesse crescente da parte di governi e investitori privati stanno accelerando lo sviluppo e l'implementazione del sistema.

Uno degli sviluppi più promettenti è il successo dei test di prototipi su scala ridotta. Ad esempio, Virgin Hyperloop ha completato con successo il primo test con passeggeri nel 2020, dimostrando la fattibilità della tecnologia in condizioni reali. Questo test rappresenta un passo importante verso la commercializzazione del sistema Hyperloop e ha attirato ulteriori investimenti e interesse da parte del pubblico e delle istituzioni.

L'implementazione dell'Hyperloop potrebbe trasformare non solo il trasporto passeggeri, ma anche il trasporto merci. La velocità e l'efficienza del sistema potrebbero rivoluzionare la logistica globale, riducendo i tempi di consegna e i costi di trasporto. Questo avrebbe un impatto significativo su settori come il commercio elettronico, la produzione industriale e la distribuzione delle merci, migliorando la competitività delle imprese e riducendo l'impatto ambientale del trasporto merci tradizionale.

Il futuro dell'Hyperloop dipende dalla collaborazione tra aziende private, governi e istituzioni di ricerca. La costruzione di reti di trasporto Hyperloop richiede una pianificazione a lungo termine e investimenti coordinati. Tuttavia, il potenziale beneficio in termini di riduzione dei tempi di viaggio, efficienza energetica e impatto ambientale rende l'Hyperloop una delle innovazioni più promettenti nel settore dei trasporti.

Inoltre, l'Hyperloop potrebbe promuovere lo sviluppo di nuove tecnologie e infrastrutture connesse, come sistemi avanzati di gestione del traffico, tecnologie di levitazione magnetica e materiali da costruzione innovativi. Questi sviluppi potrebbero avere ricadute positive su altri settori tecnologici e industriali, stimolando l'innovazione e la crescita economica.

La visione di Elon Musk per l'Hyperloop riflette la sua capacità di pensare in grande e di sfidare lo status quo. Come con le sue altre iniziative, Musk ha identificato un problema globale – la lentezza e l'inefficienza dei sistemi di trasporto esistenti – e ha proposto una soluzione radicalmente nuova. Il processo di sviluppo dell'Hyperloop dimostra anche l'importanza della collaborazione e dell'innovazione aperta, con numerose aziende e istituzioni che lavorano insieme per realizzare questa visione.

In conclusione, l'Hyperloop rappresenta una delle innovazioni più audaci e promettenti nel campo del trasporto. Con il potenziale di trasformare la mobilità delle persone e delle merci, ridurre le emissioni di carbonio e stimolare lo sviluppo economico, l'Hyperloop potrebbe diventare una componente fondamentale dei sistemi di trasporto del futuro. La visione di Elon Musk ha gettato le basi per questa rivoluzione, e il continuo progresso tecnologico e la collaborazione globale stanno avvicinando sempre di più la realizzazione di questo ambizioso progetto.

La concezione dell'Hyperloop non è solo un'evoluzione delle tecnologie esistenti, ma una reimmaginazione radicale di come le persone e le merci possono essere trasportate a velocità incredibili attraverso grandi distanze. Il principio di base dell'Hyperloop si fonda sulla riduzione della resistenza dell'aria e dell'attrito, i principali ostacoli al raggiungimento di alte velocità nei trasporti tradizionali. All'interno dei tubi a bassa pressione, le capsule Hyperloop viaggiano su un cuscino d'aria generato da ventilatori e compressori, che minimizza il contatto con la superficie e permette velocità molto superiori a quelle dei treni convenzionali.

Il design del sistema Hyperloop prevede una serie di stazioni lungo il percorso, che potrebbero essere integrate con le infrastrutture esistenti nelle città. Queste stazioni funzionerebbero come hub di interscambio, facilitando il trasporto multimodale e migliorando la connettività tra diversi mezzi di trasporto. Le capsule Hyperloop, ciascuna delle quali progettata per ospitare circa 28-40 passeggeri, offrirebbero un'esperienza di viaggio confortevole e sicura, con sedili ergonomici, ampie finestre per godere della vista, e sistemi di intrattenimento a bordo.

La sicurezza è un aspetto cruciale nella progettazione dell'Hyperloop. Le capsule sono progettate per essere pressurizzate, simili agli aerei, per garantire la sicurezza e il comfort dei passeggeri anche in caso di emergenze. Inoltre, il sistema utilizza tecnologie avanzate di controllo e monitoraggio per rilevare e rispondere a qualsiasi problema in tempo reale. I materiali utilizzati per la costruzione delle capsule e dei tubi sono leggeri ma estremamente resistenti, come la fibra di carbonio e leghe di alluminio, che garantiscono la massima sicurezza e durabilità.

Il modello economico dell'Hyperloop prevede che i costi operativi siano significativamente inferiori rispetto ai sistemi di trasporto tradizionali. La riduzione del consumo energetico, grazie all'efficienza dei tubi a bassa pressione e alla levitazione magnetica, combinata con l'uso di energie rinnovabili, potrebbe rendere l'Hyperloop un'opzione molto più sostenibile e conveniente a lungo termine. Inoltre, i costi di costruzione, sebbene inizialmente elevati, potrebbero essere ammortizzati nel tempo grazie all'elevata capacità di trasporto e alla riduzione dei costi operativi.

Il potenziale impatto economico dell'Hyperloop è enorme. Le città e le regioni servite dall'Hyperloop potrebbero vedere una trasformazione significativa in termini di sviluppo economico e crescita urbana. La riduzione dei tempi di viaggio renderebbe più facile e veloce per le persone spostarsi tra le città, favorendo l'interazione economica e sociale. Questo potrebbe portare a un aumento degli investimenti, alla creazione di nuovi posti di lavoro e a una crescita economica sostenibile. Le aree rurali, che spesso soffrono di isolamento economico, potrebbero trarre beneficio dalla connettività migliorata, attirando nuove imprese e opportunità di sviluppo.

L'implementazione dell'Hyperloop richiede una stretta collaborazione tra settore pubblico e privato. I governi devono fornire il supporto normativo e finanziario necessario per la costruzione delle infrastrutture, mentre le aziende private possono apportare innovazione tecnologica e investimenti. Questa collaborazione può anche favorire lo sviluppo di standard internazionali per la sicurezza e l'efficienza, garantendo che l'Hyperloop possa essere implementato in diverse regioni del mondo con la massima efficacia.

Il progetto Hyperloop ha anche un impatto significativo sulla riduzione delle emissioni di gas serra. Con l'uso di energie rinnovabili per alimentare il sistema, come pannelli solari installati lungo i tubi, l'Hyperloop rappresenta una soluzione di trasporto a basso impatto ambientale. Questo è particolarmente importante in un'epoca in cui la lotta al cambiamento climatico è diventata una priorità globale. Riducendo la dipendenza dai combustibili fossili e diminuendo l'inquinamento atmosferico, l'Hyperloop può contribuire in modo significativo agli obiettivi di sostenibilità ambientale.

Un altro aspetto innovativo dell'Hyperloop è il suo potenziale per il trasporto merci. Le capsule progettate per il trasporto merci potrebbero ridurre drasticamente i tempi di consegna e migliorare l'efficienza della logistica globale. Questo è particolarmente importante per l'industria del commercio elettronico, dove la rapidità e l'affidabilità delle consegne sono fattori chiave di successo. L'Hyperloop potrebbe rivoluzionare la catena di approvvigionamento globale, riducendo i costi di trasporto e migliorando la competitività delle imprese.

Il coinvolgimento di varie start-up e aziende tecnologiche nel progetto Hyperloop ha stimolato un'ondata di innovazione nel settore dei trasporti. Queste aziende stanno esplorando nuove tecnologie e approcci per migliorare l'efficienza e la sicurezza del sistema. La competizione tra queste aziende ha accelerato i progressi tecnologici, portando a sviluppi significativi in tempi relativamente brevi. Le competizioni ospitate da SpaceX per gli studenti universitari hanno ulteriormente stimolato la creatività e l'innovazione, coinvolgendo le menti giovani e brillanti nel processo di sviluppo dell'Hyperloop.

Inoltre, la ricerca e lo sviluppo nel campo dell'Hyperloop hanno aperto nuove opportunità di carriera e formazione per ingegneri, scienziati e professionisti del settore. Le università e i centri di ricerca stanno collaborando con le aziende coinvolte nel progetto per sviluppare nuovi curricula e programmi di formazione che preparano la prossima generazione di esperti nel settore dei trasporti ad alta velocità. Questo non solo promuove l'innovazione, ma contribuisce anche alla crescita economica attraverso la creazione di posti di lavoro altamente qualificati.

L'interesse globale per l'Hyperloop ha portato a progetti di fattibilità in diverse parti del mondo, tra cui Stati Uniti, Europa, Medio Oriente e Asia. Questi progetti stanno esplorando le possibilità di implementare l'Hyperloop in contesti geografici e economici diversi, valutando i potenziali benefici e le sfide specifiche per ciascuna regione. Questo approccio globale sta contribuendo a creare una rete internazionale di conoscenze e competenze che favorirà l'implementazione dell'Hyperloop su larga scala.

In sintesi, l'Hyperloop rappresenta una delle innovazioni più promettenti e rivoluzionarie nel campo dei trasporti. Con la sua capacità di ridurre drasticamente i tempi di viaggio, migliorare l'efficienza energetica e ridurre l'impatto ambientale, l'Hyperloop ha il potenziale di trasformare radicalmente il modo in cui le persone e le merci si muovono nel mondo. La visione di Elon Musk ha gettato le basi per questa rivoluzione, e la continua innovazione e collaborazione globale stanno avvicinando sempre di più la realizzazione di questo ambizioso progetto. L'Hyperloop non solo rappresenta un passo avanti nella tecnologia dei trasporti, ma incarna anche una visione di un futuro più connesso, efficiente e sostenibile per l'intera umanità.

L'Hyperloop è un esempio lampante di come la visione futuristica e l'approccio innovativo di Elon Musk possano sfidare le convenzioni tradizionali e ridefinire il possibile. Il sistema Hyperloop non solo mira a trasformare il trasporto terrestre, ma rappresenta anche un'esplorazione delle frontiere dell'ingegneria e della fisica applicata.

Il principio dell'Hyperloop si basa sulla creazione di un ambiente a bassa resistenza all'interno di tubi sigillati, dove le capsule possono viaggiare quasi senza attrito grazie alla levitazione magnetica. La levitazione magnetica è ottenuta attraverso l'uso di magneti superconduttori, che creano un campo magnetico potente in grado di sollevare la capsula dal suo binario. Questa tecnologia non è nuova, ma l'applicazione su larga scala e l'integrazione con tubi a bassa pressione è un'innovazione significativa che potrebbe rivoluzionare i trasporti.

Un altro aspetto cruciale del design dell'Hyperloop è il controllo preciso della pressione all'interno dei tubi. Utilizzando pompe a vuoto avanzate, l'aria all'interno dei tubi viene ridotta a una frazione della pressione atmosferica standard, riducendo drasticamente la resistenza dell'aria che le capsule incontrano durante il loro viaggio. Questo permette alle capsule di raggiungere velocità molto elevate con un consumo energetico molto inferiore rispetto ai treni ad alta velocità tradizionali o agli aerei.

Il progetto dell'Hyperloop non si limita alla tecnologia del trasporto. Include anche considerazioni infrastrutturali e urbanistiche che potrebbero cambiare il modo in cui le città e le regioni sono pianificate e sviluppate. La costruzione di reti Hyperloop richiede una pianificazione urbanistica integrata, dove le stazioni possono fungere da hub centrali in un sistema di trasporto multimodale. Questo approccio potrebbe incentivare lo sviluppo di nuove aree urbane intorno alle stazioni Hyperloop, stimolando la crescita economica e migliorando la connettività tra le città.

La sostenibilità è un elemento centrale nella visione dell'Hyperloop. Le infrastrutture dell'Hyperloop possono essere progettate per essere alimentate da energie rinnovabili, come l'energia solare, che può essere generata da pannelli solari installati lungo i tubi. Questo non solo riduce l'impatto ambientale del sistema di trasporto, ma lo rende anche energeticamente autosufficiente. Inoltre, la riduzione del consumo di combustibili fossili per i trasporti contribuisce significativamente alla diminuzione delle emissioni di gas serra, un passo importante nella lotta contro il cambiamento climatico.

Il finanziamento e la realizzazione di progetti Hyperloop su larga scala richiedono collaborazioni tra il settore pubblico e quello privato. I governi possono giocare un ruolo chiave fornendo supporto regolamentare e finanziamenti iniziali per le infrastrutture, mentre le aziende private possono portare innovazione tecnologica e capacità di esecuzione. Questa collaborazione può anche facilitare lo sviluppo di standard internazionali per la sicurezza e l'efficienza del sistema, garantendo che l'Hyperloop possa essere implementato in diversi contesti geografici e culturali.

Le sperimentazioni e i prototipi dell'Hyperloop hanno già mostrato risultati promettenti. Diversi test condotti da aziende come Virgin Hyperloop hanno dimostrato che la tecnologia è fattibile e sicura per i passeggeri. Questi test hanno coinvolto la costruzione di piste di prova su piccola scala, dove sono stati testati vari aspetti del design, inclusa la levitazione, la propulsione e la sicurezza delle capsule. I dati raccolti da questi test sono stati fondamentali per affinare la tecnologia e prepararla per un'implementazione su larga scala.

L'Hyperloop ha anche il potenziale di migliorare la qualità della vita riducendo i tempi di pendolarismo e rendendo più accessibili le opportunità lavorative e educative. Le persone potrebbero vivere più lontano dai centri urbani senza dover affrontare lunghi tempi di viaggio, riducendo così la pressione abitativa e migliorando l'accessibilità degli alloggi. Questo potrebbe portare a una distribuzione più equilibrata della popolazione e delle risorse, alleviando la congestione nelle città sovrappopolate.

Un'altra importante applicazione dell'Hyperloop è nel trasporto merci. Le capsule Hyperloop progettate per il trasporto merci possono ridurre significativamente i tempi di consegna, migliorando l'efficienza delle catene di approvvigionamento globali. Questo è particolarmente rilevante per il settore del commercio elettronico, dove la rapidità delle consegne è un fattore critico. L'Hyperloop potrebbe rivoluzionare la logistica, consentendo consegne quasi istantanee tra le città e migliorando la competitività delle imprese.

La ricerca continua nel campo dell'Hyperloop sta anche esplorando nuove tecnologie di propulsione e materiali avanzati. Gli ingegneri stanno sperimentando con materiali leggeri e ad alta resistenza che possono migliorare la sicurezza e l'efficienza delle capsule. Inoltre, sono in corso studi per sviluppare sistemi di propulsione elettrica avanzati che possano essere ancora più efficienti e sostenibili. Questi sviluppi tecnologici non solo migliorano le prestazioni dell'Hyperloop, ma hanno anche il potenziale di influenzare positivamente altri settori tecnologici.

La visione di Elon Musk per l'Hyperloop ha ispirato una nuova generazione di ingegneri, scienziati e imprenditori a esplorare le possibilità del trasporto ad alta velocità. Le competizioni organizzate da SpaceX, come l'Hyperloop Pod Competition, hanno coinvolto studenti e ricercatori di tutto il mondo, stimolando l'innovazione e la creatività. Queste competizioni non solo accelerano lo sviluppo tecnologico, ma promuovono anche la collaborazione internazionale e l'apprendimento condiviso.

Infine, l'Hyperloop rappresenta una sfida significativa ma entusiasmante per l'ingegneria e la tecnologia. La realizzazione di questo ambizioso progetto richiede una combinazione di competenze ingegneristiche avanzate, innovazione tecnologica e visione a lungo termine. La sfida di costruire un sistema di trasporto completamente nuovo, che può trasformare il modo in cui ci muoviamo e viviamo, è una delle più grandi opportunità del nostro tempo. Con il continuo impegno di aziende, governi e individui appassionati, l'Hyperloop ha il potenziale per diventare una realtà tangibile che rivoluzionerà il trasporto globale e aprirà nuove frontiere per l'umanità.

Il concetto di Hyperloop non solo rivoluziona il trasporto terrestre, ma ha anche il potenziale di trasformare il modo in cui pensiamo alla mobilità globale. Una delle caratteristiche distintive dell'Hyperloop è la sua capacità di integrare diverse tecnologie avanzate in un unico sistema coeso. Questo include l'uso di materiali leggeri e resistenti, come la fibra di carbonio, per costruire le capsule, nonché l'impiego di levitazione magnetica e tubi a bassa pressione per ridurre al minimo la resistenza aerodinamica e l'attrito.

La levitazione magnetica, o maglev, è una delle tecnologie chiave che consentono all'Hyperloop di raggiungere velocità così elevate. A differenza dei treni tradizionali che utilizzano ruote e binari, l'Hyperloop utilizza potenti magneti per sollevare e guidare le capsule lungo il tubo. Questo non solo riduce l'attrito, ma anche l'usura dei componenti, portando a una maggiore efficienza e a costi di manutenzione ridotti. La levitazione magnetica è già utilizzata in alcuni treni ad alta velocità, ma l'Hyperloop porta questa tecnologia a un nuovo livello combinandola con l'ambiente a bassa pressione dei tubi sigillati.

I tubi a bassa pressione, o tubi sottovuoto, sono un'altra innovazione cruciale dell'Hyperloop. Riducendo la pressione dell'aria all'interno del tubo a una frazione della pressione atmosferica, l'Hyperloop minimizza la resistenza aerodinamica, che è uno dei principali ostacoli alla velocità nei trasporti tradizionali. Questa riduzione della resistenza permette alle capsule di muoversi a velocità molto superiori utilizzando meno energia. Inoltre, il controllo preciso della pressione all'interno dei tubi è gestito da sistemi avanzati di monitoraggio e regolazione, garantendo un funzionamento sicuro e efficiente.

Il design delle capsule Hyperloop è un altro aspetto fondamentale della tecnologia. Ogni capsula è progettata per essere aerodinamicamente efficiente e offre un comfort ottimale ai passeggeri. L'interno delle capsule può essere personalizzato per diverse configurazioni, inclusi posti a sedere per passeggeri, spazi per il trasporto merci e persino configurazioni per servizi sanitari o di emergenza. Questa flessibilità rende l'Hyperloop una soluzione versatile per una vasta gamma di applicazioni di trasporto.

La sicurezza è una priorità assoluta per il design dell'Hyperloop. Le capsule sono costruite con materiali avanzati che offrono una protezione eccellente contro impatti e danni. Inoltre, il sistema è dotato di tecnologie di rilevamento e prevenzione delle collisioni, nonché di sistemi di emergenza per evacuare i passeggeri in caso di incidenti. I protocolli di sicurezza sono progettati per garantire che ogni viaggio sia sicuro e affidabile, con ridondanze e backup per ogni componente critico del sistema.

L'Hyperloop non è solo un mezzo di trasporto; rappresenta anche una piattaforma per lo sviluppo di nuove tecnologie e innovazioni. Ad esempio, i pannelli solari installati lungo i tubi non solo forniscono energia al sistema, ma possono anche essere utilizzati per generare energia extra che può essere immessa nella rete elettrica. Questo rende l'Hyperloop non solo autosufficiente dal punto di vista energetico, ma anche un potenziale contributore di energia rinnovabile alla rete. Inoltre, la tecnologia Hyperloop può essere integrata con sistemi di gestione energetica intelligenti che ottimizzano l'uso dell'energia e migliorano l'efficienza complessiva.

Il potenziale impatto economico dell'Hyperloop è significativo. Oltre a ridurre i tempi di viaggio e migliorare la connettività tra le città, l'Hyperloop può stimolare lo sviluppo economico nelle regioni servite, creando nuovi posti di lavoro e attirando investimenti. La costruzione e la manutenzione delle infrastrutture Hyperloop richiedono una vasta gamma di competenze tecniche e professionali, fornendo opportunità di lavoro in ingegneria, costruzione, manutenzione e gestione. Inoltre, l'Hyperloop può attirare turisti e migliorare il commercio tra le regioni, aumentando il benessere economico delle comunità locali.

L'implementazione dell'Hyperloop può anche portare a benefici ambientali significativi. Riducendo la dipendenza dai trasporti basati sui combustibili fossili, l'Hyperloop può contribuire a diminuire le emissioni di gas serra e migliorare la qualità dell'aria. Questo è particolarmente importante nelle aree urbane densamente popolate, dove l'inquinamento atmosferico è un problema grave. L'uso di energia rinnovabile per alimentare l'Hyperloop, combinato con la sua efficienza energetica, lo rende una delle opzioni di trasporto più sostenibili disponibili.

Le potenzialità dell'Hyperloop vanno oltre il trasporto di passeggeri e merci. Il sistema potrebbe essere utilizzato anche per applicazioni speciali, come il trasporto rapido di organi per trapianti o la consegna di forniture mediche in situazioni di emergenza. La velocità e l'affidabilità dell'Hyperloop lo rendono ideale per queste applicazioni critiche, dove ogni minuto conta. Inoltre, l'Hyperloop potrebbe essere utilizzato per il trasporto di materiali sensibili o pericolosi, grazie ai suoi elevati standard di sicurezza e controllo.

Il concetto di Hyperloop ha suscitato un interesse significativo a livello globale, con vari paesi e città che esplorano la possibilità di implementare questa tecnologia. In India, ad esempio, ci sono piani per sviluppare una rete Hyperloop che colleghi Mumbai a Pune, riducendo il tempo di viaggio da diverse ore a pochi minuti. Negli Emirati Arabi Uniti, sono in corso progetti per collegare Dubai e Abu Dhabi con un sistema Hyperloop, migliorando la connettività e stimolando lo sviluppo economico nella regione. Questi progetti dimostrano il potenziale dell'Hyperloop di trasformare le infrastrutture di trasporto su scala globale.

L'Hyperloop rappresenta anche una nuova frontiera per la cooperazione internazionale. I progetti Hyperloop coinvolgono spesso collaborazioni tra governi, aziende e istituzioni accademiche di diversi paesi. Questa cooperazione internazionale non solo accelera lo sviluppo tecnologico, ma promuove anche la condivisione delle conoscenze e delle risorse. Inoltre, la standardizzazione delle tecnologie e delle pratiche di sicurezza a livello internazionale facilita l'implementazione dell'Hyperloop in diverse regioni del mondo.

In sintesi, l'Hyperloop è molto più di una semplice innovazione tecnologica; è una visione per il futuro del trasporto che ha il potenziale di trasformare radicalmente il modo in cui le persone e le merci si muovono. Con la combinazione di tecnologie avanzate, efficienza energetica, sostenibilità ambientale e potenziale economico, l'Hyperloop rappresenta una delle innovazioni più promettenti del nostro tempo. La continua ricerca, sviluppo e collaborazione internazionale stanno avvicinando sempre di più la realizzazione di questo ambizioso progetto, che potrebbe inaugurare una nuova era di mobilità globale.

- Concludi il punto in modo molto dettagliato

Il progetto Hyperloop di Elon Musk rappresenta una delle innovazioni più audaci e trasformative nel campo dei trasporti moderni. Questa visione futuristica non solo mira a rivoluzionare il modo in cui viaggiamo, ma incarna anche una fusione di tecnologie avanzate che possono avere un impatto duraturo sull'economia globale, sull'ambiente e sulla società.

L'Hyperloop è costruito sulla base di principi scientifici solidi e innovazioni ingegneristiche che riducono al minimo la resistenza aerodinamica e l'attrito, consentendo alle capsule di raggiungere velocità superiori a quelle dei treni ad alta velocità e degli aerei commerciali, il tutto con un consumo energetico ridotto. Questa combinazione di velocità ed efficienza energetica rappresenta un cambiamento di paradigma nel trasporto di passeggeri e merci.

Uno degli aspetti più rivoluzionari dell'Hyperloop è la sua sostenibilità. Utilizzando energie rinnovabili, come l'energia solare, l'Hyperloop può funzionare in modo praticamente autosufficiente dal punto di vista energetico. Questo riduce significativamente l'impatto ambientale del trasporto e contribuisce agli sforzi globali per ridurre le emissioni di gas serra. La riduzione della dipendenza dai combustibili fossili è fondamentale in un momento in cui il cambiamento climatico rappresenta una delle sfide più urgenti per l'umanità.

Il potenziale economico dell'Hyperloop è vasto. L'implementazione di reti Hyperloop può stimolare lo sviluppo economico nelle regioni servite, creando nuovi posti di lavoro e attirando investimenti. Le città collegate da Hyperloop potrebbero diventare hub economici interconnessi, migliorando la distribuzione delle risorse e favorendo l'innovazione. Inoltre, il miglioramento della connettività tra le città può incentivare la decentralizzazione urbana, alleviando la pressione sulle aree metropolitane sovrappopolate e promuovendo uno sviluppo urbano più equilibrato.

La sicurezza è un'altra priorità fondamentale per l'Hyperloop. Il design avanzato delle capsule, la tecnologia di levitazione magnetica e i sistemi di controllo automatico garantiscono un livello di sicurezza senza precedenti nel settore dei trasporti. I protocolli di emergenza e le misure di sicurezza integrate sono progettati per proteggere i passeggeri e il carico in ogni circostanza, rendendo l'Hyperloop non solo una scelta veloce e efficiente, ma anche sicura.

La ricerca e lo sviluppo continui nel campo dell'Hyperloop stanno stimolando innovazioni tecnologiche in una varietà di settori. Le competizioni universitarie organizzate da SpaceX hanno coinvolto migliaia di studenti e ricercatori, promuovendo nuove idee e soluzioni innovative. Questa collaborazione tra mondo accademico e industria non solo accelera lo sviluppo dell'Hyperloop, ma contribuisce anche alla formazione della prossima generazione di ingegneri e scienziati, garantendo un futuro di continua innovazione.

L'Hyperloop ha anche il potenziale di rivoluzionare il trasporto merci. Le capsule Hyperloop progettate per il trasporto merci possono ridurre drasticamente i tempi di consegna e migliorare l'efficienza delle catene di approvvigionamento globali. Questo è particolarmente rilevante per il commercio elettronico, dove la rapidità delle consegne è un fattore critico. L'Hyperloop potrebbe ridurre i costi di trasporto, migliorare la competitività delle imprese e contribuire a un'economia globale più connessa.

Il progetto Hyperloop sta già stimolando l'interesse e gli investimenti a livello globale. Vari paesi e città stanno esplorando la possibilità di implementare questa tecnologia rivoluzionaria, valutando i benefici potenziali e le sfide specifiche. Questi progetti di fattibilità stanno creando una rete internazionale di conoscenze e competenze che faciliteranno l'implementazione dell'Hyperloop su larga scala.

La visione di Elon Musk per l'Hyperloop non è solo quella di un mezzo di trasporto veloce, ma di un sistema integrato che migliora la qualità della vita, promuove la sostenibilità ambientale e stimola la crescita economica. Il continuo progresso tecnologico e la collaborazione globale stanno avvicinando sempre di più la realizzazione di questa visione. Con il suo potenziale di trasformare il modo in cui viaggiamo, lavoriamo e viviamo, l'Hyperloop rappresenta una delle innovazioni più promettenti del nostro tempo, inaugurando una nuova era di mobilità globale.

La continua evoluzione e il successo dell'Hyperloop saranno determinati dalla capacità di affrontare e superare le sfide tecniche, economiche e regolamentari. Tuttavia, con la determinazione e l'innovazione che caratterizzano i progetti di Elon Musk, l'Hyperloop ha tutte le carte in regola per diventare una realtà tangibile, cambiando per sempre il panorama dei trasporti e offrendo una soluzione sostenibile e efficiente per le generazioni future.

9. Neuralink e il Futuro della Neuroscienza Il progetto Neuralink, le sue ambizioni e le implicazioni etiche.

Neuralink e il Futuro della Neuroscienza

Neuralink, fondata da Elon Musk nel 2016, è una delle sue iniziative più ambiziose e rivoluzionarie, volta a sviluppare tecnologie avanzate per l'interfacciamento tra cervello e computer. L'obiettivo principale di Neuralink è creare dispositivi che possano essere impiantati nel cervello umano per permettere una comunicazione diretta tra il cervello e i computer, aprendo nuove frontiere nel campo della neuroscienza, della medicina e delle tecnologie umane potenziate.

Ambizioni e Obiettivi di Neuralink

Neuralink si propone di affrontare alcune delle sfide più complesse e intriganti nel campo della neuroscienza. I dispositivi di Neuralink, chiamati "link", sono progettati per essere impiantati nel cervello tramite una procedura chirurgica minimamente invasiva. Questi dispositivi contengono migliaia di elettrodi ultra-sottili che possono monitorare e stimolare l'attività neuronale con un alto grado di precisione. Gli obiettivi a lungo termine di Neuralink includono:

1. **Trattamento delle Malattie Neurologiche**: Neuralink mira a trattare una vasta gamma di malattie neurologiche e disturbi mentali, come il morbo di Parkinson, l'epilessia, la paralisi, la depressione e l'ansia. Attraverso la stimolazione neuronale mirata, il dispositivo potrebbe ripristinare o migliorare le funzioni cerebrali compromesse, offrendo nuove speranze a milioni di pazienti.

2. **Potenziare le Capacità Umane**: Oltre a trattare le malattie, Neuralink esplora la possibilità di potenziare le capacità cognitive e sensoriali degli esseri umani. Questo include il miglioramento della memoria, della concentrazione e delle capacità di apprendimento, nonché la creazione di nuove forme di interazione uomo-macchina che potrebbero rivoluzionare il modo in cui lavoriamo e viviamo.

3. **Interfaccia Uomo-Macchina**: Un altro obiettivo chiave è lo sviluppo di interfacce cervello-computer (BCI) che permettano una comunicazione bidirezionale diretta tra il cervello e i computer. Questo potrebbe aprire la strada a

tecnologie avanzate di controllo mentale di dispositivi elettronici, migliorando significativamente l'accessibilità per le persone con disabilità e creando nuove modalità di interazione tecnologica.

Progresso Tecnologico e Sfide

Neuralink ha fatto notevoli progressi tecnologici sin dalla sua fondazione. La società ha sviluppato un robot chirurgico altamente preciso in grado di impiantare i fili degli elettrodi nel cervello con una precisione millimetrica, riducendo al minimo i danni ai tessuti cerebrali circostanti. Questo robot è essenziale per garantire che l'impianto sia sicuro ed efficace.

I dispositivi di Neuralink sono progettati per essere wireless e ricaricabili, permettendo una lunga durata e un utilizzo continuo senza la necessità di interventi frequenti. Inoltre, l'azienda sta lavorando per miniaturizzare ulteriormente i componenti e migliorare la biocompatibilità dei materiali utilizzati, riducendo il rischio di rigetto e di complicazioni a lungo termine.

Nonostante questi progressi, Neuralink deve affrontare numerose sfide tecniche e scientifiche. La comprensione completa del funzionamento del cervello umano è ancora lontana, e la complessità delle interazioni neuronali rende difficile sviluppare dispositivi che possano comunicare efficacemente con il cervello in modo affidabile e sicuro. Inoltre, la stimolazione neuronale comporta rischi significativi, e garantire che i dispositivi siano sicuri per l'uso a lungo termine è una priorità assoluta.

Implicazioni Etiche e Sociali

Le ambizioni di Neuralink sollevano importanti questioni etiche e sociali che devono essere attentamente considerate. Alcune delle principali preoccupazioni includono:

1. **Privacy e Sicurezza dei Dati**: L'interfacciamento diretto con il cervello comporta la raccolta di dati estremamente sensibili sull'attività neuronale. Garantire la privacy e la sicurezza di questi dati è cruciale per proteggere i diritti degli individui e prevenire l'uso improprio o l'abuso delle informazioni raccolte.

2. **Equità e Accessibilità**: Assicurare che le tecnologie di Neuralink siano accessibili a tutti, indipendentemente dal loro background economico o sociale, è fondamentale per evitare una crescente disparità tra coloro che possono permettersi tali tecnologie e coloro che non possono. Questo include anche l'accesso equo ai trattamenti medici che possono derivare da queste innovazioni.

3. **Modificazione Umana**: L'idea di potenziare le capacità umane attraverso l'interfacciamento cervello-computer solleva domande su cosa significhi essere umani e fino a che punto sia

etico modificare le nostre capacità cognitive e sensoriali. La società dovrà confrontarsi con questi dilemmi e sviluppare linee guida etiche per l'uso di tali tecnologie.

4. **Autonomia e Controllo**: Gli impianti cerebrali che possono influenzare direttamente l'attività neuronale pongono domande sull'autonomia personale e sul controllo. È essenziale garantire che gli individui mantengano il controllo sui propri dispositivi e che ci siano salvaguardie per prevenire l'abuso o il controllo non autorizzato delle funzioni cerebrali.

Collaborazione e Regolamentazione

Per affrontare queste sfide, è necessario un approccio collaborativo tra scienziati, medici, eticisti, legislatori e il pubblico. La regolamentazione delle tecnologie di Neuralink deve essere rigorosa per garantire la sicurezza e l'efficacia, ma deve anche essere flessibile per permettere l'innovazione e l'adattamento alle nuove scoperte scientifiche.

Neuralink collabora con università e istituti di ricerca di tutto il mondo per avanzare la comprensione del cervello umano e sviluppare tecnologie sicure ed efficaci. Queste collaborazioni sono cruciali per affrontare le sfide scientifiche e tecniche e per garantire che le innovazioni siano basate su solide basi scientifiche.

Conclusione

Neuralink rappresenta un passo audace e rivoluzionario verso il futuro della neuroscienza e della tecnologia umana potenziata. Con il potenziale di trattare malattie neurologiche, potenziare le capacità umane e creare nuove forme di interazione uomo-macchina, le ambizioni di Neuralink potrebbero trasformare radicalmente la nostra comprensione e il nostro utilizzo del cervello umano. Tuttavia, queste innovazioni devono essere bilanciate con considerazioni etiche e regolamentari per garantire che siano utilizzate in modo sicuro, equo e responsabile. La continua ricerca, l'innovazione e la collaborazione globale saranno essenziali per realizzare il pieno potenziale di Neuralink e per affrontare le sfide che inevitabilmente emergeranno lungo il cammino.

Neuralink, come progetto, è emblematico dell'approccio visionario di Elon Musk, che mira a risolvere problemi complessi e migliorare la condizione umana attraverso l'innovazione tecnologica. Il dispositivo Neuralink, un'interfaccia cervello-computer (BCI), è concepito per creare una sinergia tra mente e macchina che potrebbe aprire nuove possibilità nel campo della neuroscienza e oltre.

Il dispositivo è composto da migliaia di elettrodi ultrasottili, più sottili di un capello umano, che vengono impiantati con precisione chirurgica nel tessuto cerebrale. Questi elettrodi sono progettati per rilevare e stimolare l'attività elettrica dei neuroni, permettendo una comunicazione bidirezionale tra il cervello e i dispositivi esterni. La tecnologia utilizzata per l'impianto degli elettrodi è altamente avanzata e richiede robot chirurgici appositamente progettati per eseguire la procedura con una precisione micrometrica, minimizzando il rischio di danni ai tessuti cerebrali.

Un aspetto cruciale di Neuralink è la miniaturizzazione e l'integrazione dei componenti elettronici necessari per l'acquisizione e la trasmissione dei dati. Il dispositivo deve essere sufficientemente piccolo da essere impiantato nel cranio, ma abbastanza potente da processare grandi quantità di dati neuronali in tempo reale. Neuralink sta sviluppando chip personalizzati che possono elaborare segnali neuronali con alta precisione e trasmetterli senza fili a dispositivi esterni, come computer o smartphone.

La biocompatibilità dei materiali utilizzati è un'altra area di ricerca importante. Gli elettrodi devono essere realizzati con materiali che non provochino reazioni avverse nel corpo umano e che possano funzionare efficacemente per periodi prolungati. Neuralink sta sperimentando con vari materiali avanzati per garantire che gli impianti siano sicuri e durevoli, riducendo il rischio di infezioni o rigetti.

L'applicazione di Neuralink nel trattamento delle malattie neurologiche potrebbe rappresentare una svolta per milioni di persone. Per esempio, nel caso del morbo di Parkinson, la stimolazione profonda del cervello (DBS) è già utilizzata per alleviare i sintomi. Neuralink potrebbe migliorare significativamente questa tecnologia, offrendo una stimolazione più precisa e personalizzata, migliorando la qualità della vita dei pazienti. Allo stesso modo, per le persone con paralisi, Neuralink potrebbe fornire un mezzo per controllare protesi robotiche o dispositivi elettronici semplicemente pensando ai movimenti, restituendo una certa autonomia a chi ha perso la capacità di muoversi.

Oltre agli usi medici, Neuralink esplora il potenziale di potenziare le capacità cognitive umane. Immagina un futuro in cui possiamo memorizzare informazioni direttamente nel cervello, accedere a conoscenze su richiesta o comunicare telepaticamente con altre persone. Queste possibilità sembrano fantascientifiche, ma Neuralink sta lavorando per trasformarle in realtà. L'idea è che con un'interfaccia cervello-computer avanzata, si possa espandere la capacità della mente umana, superando le limitazioni biologiche.

La sicurezza informatica e la privacy sono preoccupazioni fondamentali per Neuralink. La possibilità di accedere direttamente ai dati neuronali solleva domande importanti su chi può avere accesso a queste informazioni e come possono essere protette. Neuralink deve sviluppare misure di sicurezza robuste per prevenire accessi non autorizzati e garantire che i dati siano utilizzati in modo etico e sicuro. La crittografia avanzata e le tecnologie di autenticazione saranno essenziali per proteggere i dati sensibili raccolti dai dispositivi Neuralink.

Le implicazioni sociali di Neuralink sono profonde. L'introduzione di tecnologie che possono migliorare le capacità umane solleva questioni su equità e accessibilità. Cosa succede se solo una parte della popolazione può permettersi questi impianti? Questo potrebbe creare un divario ancora maggiore tra i ricchi e i poveri, con implicazioni etiche e sociali significative. È importante che Neuralink, insieme ai legislatori e alla società civile, sviluppi politiche che garantiscano l'accesso equo a queste tecnologie, prevenendo disparità e promuovendo l'inclusione.

Il controllo personale e l'autonomia sono altre questioni etiche cruciali. Chi possiede e controlla i dati raccolti dal dispositivo? Gli utenti devono avere il controllo completo sui loro impianti e sui dati generati. Devono poter decidere come e con chi condividere queste informazioni. Neuralink deve garantire che gli utenti mantengano la loro autonomia e che ci siano meccanismi per evitare l'abuso o l'uso non autorizzato delle tecnologie impiantabili.

Neuralink sta collaborando con università e istituti di ricerca di tutto il mondo per avanzare la conoscenza del cervello umano e sviluppare tecnologie sicure ed efficaci. Queste collaborazioni sono cruciali per affrontare le sfide scientifiche e tecniche e per garantire che le innovazioni siano basate su solide basi scientifiche. La ricerca interdisciplinare, che coinvolge neuroscienziati, ingegneri, eticisti e medici, è essenziale per il successo di Neuralink.

La regolamentazione è un altro aspetto cruciale per l'implementazione delle tecnologie Neuralink. Le autorità di regolamentazione devono sviluppare linee guida che garantiscano la sicurezza e l'efficacia dei dispositivi, senza ostacolare l'innovazione. Questo richiede un equilibrio delicato tra promuovere lo sviluppo tecnologico e proteggere la salute e la sicurezza pubblica. Neuralink dovrà lavorare a stretto contatto con le agenzie di regolamentazione per ottenere le approvazioni necessarie e per garantire che i suoi dispositivi soddisfino tutti i requisiti di sicurezza.

Le ambizioni di Neuralink potrebbero anche avere implicazioni nel campo dell'istruzione e della formazione. Con dispositivi che potenziano la capacità di apprendimento, le persone potrebbero acquisire nuove competenze più rapidamente e con maggiore efficacia. Questo potrebbe rivoluzionare il sistema educativo, offrendo nuove opportunità di apprendimento e miglioramento personale. L'accesso a queste tecnologie potrebbe rendere l'istruzione più inclusiva e personalizzata, adattando l'insegnamento alle esigenze individuali degli studenti.

La potenzialità di migliorare la comunicazione umana è un'altra area affascinante esplorata da Neuralink. Immagina di poter comunicare con altre persone semplicemente pensandoci, senza la necessità di parlare o scrivere. Questo tipo di comunicazione telepatica potrebbe trasformare radicalmente il modo in cui interagiamo, migliorando la comprensione reciproca e riducendo le barriere linguistiche. Tuttavia, questo solleva anche questioni sulla privacy dei pensieri e sull'interpretazione accurata delle intenzioni cognitive, che devono essere attentamente considerate.

Infine, l'aspetto filosofico dell'interfacciamento cervello-computer porta a riflettere su cosa significhi essere umani. Potenziando le nostre capacità cognitive e sensoriali, possiamo rimanere esseri umani o diventiamo qualcosa di diverso? Neuralink invita a una riflessione profonda su identità, coscienza e il futuro dell'evoluzione umana. La società dovrà confrontarsi con questi dilemmi filosofici e sviluppare una comprensione condivisa delle implicazioni delle tecnologie potenziate.

In sintesi, Neuralink rappresenta una delle innovazioni più ambiziose e potenzialmente trasformative del nostro tempo. Con il potenziale di trattare malattie neurologiche, migliorare le capacità umane e creare nuove forme di interazione uomo-macchina, Neuralink sta spingendo i confini della neuroscienza e della tecnologia. Tuttavia, queste innovazioni devono essere bilanciate con considerazioni etiche, sociali e regolamentari per garantire che siano utilizzate in modo sicuro, equo e responsabile. La continua ricerca, l'innovazione e la collaborazione globale saranno essenziali per realizzare il pieno potenziale di Neuralink e per affrontare le sfide che inevitabilmente emergeranno lungo il cammino.

L'innovazione tecnologica che Neuralink rappresenta è solo l'inizio di una nuova era di integrazione tra biologia e tecnologia. Questa interfaccia cervello-computer potrebbe non solo trattare malattie neurologiche e migliorare le capacità cognitive, ma anche trasformare radicalmente molti altri aspetti della vita quotidiana. La visione di Elon Musk è quella di creare una sinergia perfetta tra mente umana e intelligenza artificiale, rendendo possibile un futuro in cui i limiti attuali della biologia umana vengono superati attraverso l'uso di dispositivi avanzati.

Uno dei potenziali usi futuri di Neuralink potrebbe essere nella realtà virtuale e aumentata. Immagina un mondo in cui non solo puoi vedere e sentire ambienti virtuali, ma puoi anche interagirvi direttamente attraverso il pensiero. Gli utenti potrebbero immergersi completamente in esperienze virtuali senza bisogno di controller o dispositivi esterni. Questo potrebbe rivoluzionare settori come il gaming, l'intrattenimento, l'istruzione e la formazione professionale, offrendo esperienze più immersive e interattive.

Nel campo della comunicazione, Neuralink potrebbe consentire nuove forme di interazione. Attualmente, la comunicazione umana è limitata da linguaggi verbali e non verbali che possono essere lenti e ambigui. Con Neuralink, le persone potrebbero comunicare direttamente i loro pensieri e sentimenti, riducendo le incomprensioni e migliorando l'efficienza delle interazioni umane. Questo potrebbe avere un impatto profondo nelle relazioni personali, negli ambienti di lavoro e persino nelle negoziazioni internazionali.

Un'altra applicazione potenziale è l'integrazione con dispositivi di intelligenza artificiale. Con Neuralink, gli esseri umani potrebbero interagire direttamente con IA avanzate, chiedendo informazioni, risolvendo problemi complessi e prendendo decisioni con l'aiuto di algoritmi intelligenti. Questo tipo di interfaccia potrebbe rendere le persone più produttive e creative, migliorando la qualità delle decisioni e aumentando la capacità di innovare.

Neuralink potrebbe anche trasformare il campo della medicina personalizzata. I dispositivi potrebbero monitorare costantemente l'attività cerebrale e fornire dati preziosi ai medici per diagnosi e trattamenti più accurati. I medici potrebbero utilizzare questi dati per personalizzare i trattamenti in base alle specifiche necessità di ciascun paziente, migliorando l'efficacia delle cure e riducendo gli effetti collaterali. Inoltre, Neuralink potrebbe consentire terapie di stimolazione cerebrale personalizzate che si adattano in tempo reale alle condizioni del paziente.

La riabilitazione neurale è un altro campo che potrebbe beneficiare enormemente da Neuralink. Le persone che hanno subito danni cerebrali a causa di ictus, traumi cranici o altre condizioni potrebbero utilizzare questi dispositivi per riacquistare le loro capacità motorie e cognitive. Neuralink potrebbe facilitare il recupero attraverso la stimolazione mirata delle aree cerebrali danneggiate e la promozione della neuroplasticità, il processo attraverso il quale il cervello può riorganizzarsi e formare nuove connessioni neuronali.

Inoltre, l'adozione di Neuralink potrebbe portare a una maggiore comprensione del cervello umano. Attualmente, molte delle funzioni cerebrali rimangono misteriose e difficili da studiare. Con la capacità di monitorare l'attività cerebrale in tempo reale e con alta precisione, i neuroscienziati potrebbero scoprire nuovi aspetti del funzionamento del cervello, identificare le cause di malattie neurologiche e sviluppare nuovi trattamenti. Questo potrebbe portare a una rivoluzione nella neuroscienza e aprire nuove strade per la ricerca medica.

L'uso di Neuralink potrebbe anche espandersi oltre la salute umana e le capacità cognitive. Nel campo dell'arte e della creatività, ad esempio, gli artisti potrebbero utilizzare queste interfacce per creare opere direttamente dalla loro immaginazione, senza dover passare attraverso i tradizionali strumenti fisici. Questo potrebbe portare a nuove forme di espressione artistica e innovazione culturale. I musicisti potrebbero comporre e suonare musica attraverso l'uso dei loro pensieri, aprendo nuove possibilità per l'industria musicale.

Un altro potenziale sviluppo è nel campo della esplorazione spaziale. Gli astronauti potrebbero utilizzare Neuralink per migliorare le loro capacità durante missioni di lunga durata nello spazio. L'interfaccia potrebbe monitorare la salute mentale e fisica degli astronauti, fornendo dati cruciali per mantenere il loro benessere in ambienti estremi. Inoltre, la comunicazione telepatica potrebbe essere utile per coordinare attività complesse senza il ritardo delle comunicazioni tradizionali.

Neuralink potrebbe anche giocare un ruolo importante nell'evoluzione delle città intelligenti. Con la crescente urbanizzazione e la necessità di gestire risorse in modo più efficiente, le città potrebbero utilizzare dati raccolti da dispositivi Neuralink per migliorare la pianificazione urbana, il traffico e altri servizi pubblici. Questo potrebbe portare a città più sostenibili e vivibili, migliorando la qualità della vita per i residenti.

La sfida di integrare Neuralink nella società non è solo tecnologica, ma anche culturale. Le persone devono essere disposte ad accettare queste nuove tecnologie e adattarsi ai cambiamenti che porteranno. Questo richiede educazione e sensibilizzazione per superare paure e pregiudizi. Neuralink deve lavorare per costruire fiducia con il pubblico, dimostrando che le tecnologie sono sicure, etiche e benefiche per l'umanità.

L'aspetto regolamentare sarà cruciale per l'adozione di Neuralink. Le autorità dovranno sviluppare norme che bilanciano l'innovazione con la protezione dei diritti umani e la sicurezza. Questo include la creazione di standard per la sicurezza dei dispositivi, la protezione dei dati personali e la prevenzione degli abusi. La collaborazione internazionale sarà essenziale per garantire che le norme siano coerenti e che le tecnologie possano essere utilizzate in modo sicuro e responsabile in tutto il mondo.

Neuralink rappresenta anche una frontiera per la filosofia e l'etica. La possibilità di potenziare le capacità umane attraverso la tecnologia solleva domande fondamentali su cosa significhi essere umani. Fino a che punto è giusto modificare la nostra biologia? Quali sono i limiti etici dell'uso della tecnologia per migliorare le nostre vite? Queste sono domande che la società dovrà affrontare mentre Neuralink e altre tecnologie

simili continuano a evolversi e a integrarsi sempre più nelle nostre vite.

La filosofia dell'interfaccia cervello-computer di Neuralink ci costringe a riconsiderare la natura dell'identità personale. Se i nostri pensieri e le nostre memorie possono essere esternalizzati e memorizzati digitalmente, come cambia la nostra percezione di sé? La distinzione tra mente e macchina diventa sempre più sfumata, e potremmo dover ripensare concetti fondamentali come la coscienza e l'autonomia. La possibilità di trasferire o replicare aspetti della nostra mente solleva questioni sul significato della mortalità e della continuità dell'identità personale.

Neuralink potrebbe anche aprire nuove strade nella terapia cognitiva e comportamentale. I dispositivi BCI potrebbero essere utilizzati per monitorare e influenzare stati mentali come l'ansia e la depressione, offrendo nuove soluzioni per i disturbi mentali. Attraverso la stimolazione neuronale personalizzata, i pazienti potrebbero beneficiare di trattamenti più efficaci e mirati, riducendo la dipendenza dai farmaci tradizionali e minimizzando gli effetti collaterali.

Il potenziale di Neuralink nel campo dell'apprendimento e dell'educazione è altrettanto rivoluzionario. I dispositivi potrebbero essere utilizzati per migliorare le tecniche di apprendimento, rendendo possibile l'acquisizione rapida di nuove competenze e conoscenze. Gli studenti potrebbero beneficiare di feedback in tempo reale sulle loro attività cerebrali, permettendo un'educazione più personalizzata e adattata alle esigenze individuali. Questo approccio potrebbe ridurre le barriere all'apprendimento e rendere l'istruzione più accessibile a tutti.

Nel settore del lavoro, Neuralink potrebbe trasformare il modo in cui svolgiamo le nostre attività quotidiane. Le interfacce cervello-computer potrebbero aumentare la produttività e la creatività, permettendo alle persone di svolgere compiti complessi con maggiore efficienza. I lavoratori potrebbero interagire con macchine e software avanzati in modo più intuitivo e diretto, migliorando la qualità del lavoro e riducendo lo stress. Questo potrebbe portare a una nuova era di automazione collaborativa, dove umani e macchine lavorano insieme in modo armonioso.

La sicurezza e la privacy dei dati rimangono preoccupazioni fondamentali. Con l'accesso diretto ai pensieri e alle intenzioni delle persone, diventa essenziale sviluppare meccanismi di protezione robusti. La crittografia avanzata e i protocolli di sicurezza devono essere integrati in tutti i dispositivi Neuralink per garantire che i dati personali siano protetti da accessi non autorizzati. La fiducia del pubblico sarà cruciale per l'adozione su larga scala di queste tecnologie, e Neuralink dovrà dimostrare costantemente il suo impegno per la sicurezza e la privacy.

L'inclusività è un altro aspetto critico. Assicurarsi che le tecnologie avanzate siano accessibili a tutti, indipendentemente dalla loro situazione economica o sociale, è fondamentale per evitare di ampliare ulteriormente il divario digitale. Neuralink dovrà lavorare con governi e organizzazioni per sviluppare programmi che garantiscano l'accessibilità delle sue tecnologie a una vasta gamma di utenti, inclusi quelli in comunità svantaggiate.

Il potenziale militare e di sicurezza di Neuralink è un campo che suscita molte preoccupazioni etiche. L'uso di interfacce cervello-computer per migliorare le capacità dei soldati o per scopi di sorveglianza solleva domande su abuso di potere e violazioni dei diritti umani. È essenziale che ci siano regolamentazioni chiare e rigorose per prevenire l'uso improprio di queste tecnologie, proteggendo così i diritti fondamentali delle persone.

La ricerca su Neuralink potrebbe anche portare a scoperte importanti nel campo della genetica e della biologia sintetica. Comprendere meglio il funzionamento del cervello umano potrebbe illuminare nuovi aspetti del nostro codice genetico e delle interazioni tra geni e ambiente. Questo potrebbe portare a nuove terapie genetiche e a trattamenti personalizzati che affrontano le malattie a livello molecolare.

Le collaborazioni interdisciplinari saranno fondamentali per il successo di Neuralink. La sinergia tra neuroscienziati, ingegneri, eticisti, legislatori e il pubblico è essenziale per affrontare le sfide complesse e multidimensionali che queste tecnologie presentano. Neuralink dovrà continuare a promuovere un dialogo aperto e inclusivo, coinvolgendo tutte le parti interessate nel processo di sviluppo e implementazione delle sue tecnologie.

Infine, la visione a lungo termine di Neuralink può includere la possibilità di espandere la consapevolezza umana. Immagina un futuro in cui possiamo condividere esperienze sensoriali e cognitive direttamente, creando una forma di empatia e comprensione senza precedenti. Questa interconnessione potrebbe portare a una maggiore coesione sociale e a una nuova era di cooperazione umana, dove le barriere culturali e linguistiche vengono superate attraverso una comprensione diretta delle esperienze altrui.

Neuralink rappresenta una frontiera emozionante e potenzialmente trasformativa nella tecnologia e nella neuroscienza. Con il suo approccio innovativo e le sue ambizioni audaci, Neuralink ha il potenziale di migliorare significativamente la qualità della vita, aprire nuove frontiere nella ricerca medica e scientifica, e trasformare la nostra comprensione e interazione con il cervello umano. Tuttavia, queste innovazioni devono essere sviluppate e implementate con attenzione, considerazione etica e una visione a lungo termine per garantire che i benefici siano equamente distribuiti e che i rischi siano minimizzati. La continua collaborazione, la regolamentazione e il dialogo aperto saranno essenziali per realizzare il pieno potenziale di Neuralink e per affrontare le sfide che emergeranno lungo il cammino.

Neuralink, con le sue ambizioni di sviluppare interfacce cervello-computer (BCI) avanzate, sta ridefinendo non solo la tecnologia medica, ma anche il potenziale umano. L'integrazione di questa tecnologia potrebbe portare a cambiamenti epocali in numerosi campi, ciascuno con implicazioni profonde e durature.

Uno degli aspetti più interessanti di Neuralink è la possibilità di facilitare la comunicazione tra cervelli umani e macchine intelligenti. Questa connessione potrebbe estendersi a una varietà di dispositivi, dai computer ai robot, permettendo un livello di controllo e interazione senza precedenti. Ad esempio, le persone potrebbero utilizzare i loro pensieri per controllare robot chirurgici durante operazioni complesse, migliorando la precisione e riducendo i rischi associati alla chirurgia tradizionale.

Neuralink potrebbe anche trasformare l'assistenza agli anziani e ai disabili. I dispositivi BCI potrebbero essere utilizzati per monitorare continuamente le condizioni di salute, rilevando precocemente segnali di malattie o crisi mediche e avvisando tempestivamente i medici. Inoltre, le persone con disabilità motorie potrebbero utilizzare Neuralink per controllare dispositivi di assistenza come sedie a rotelle elettriche, rendendo la loro vita quotidiana più autonoma e migliorando la loro qualità di vita.

L'integrazione di Neuralink nella vita quotidiana potrebbe anche portare a miglioramenti significativi nella sicurezza sul lavoro. I dispositivi BCI potrebbero monitorare lo stato mentale e fisico dei lavoratori, rilevando segnali di affaticamento o stress e suggerendo interventi preventivi per evitare incidenti. Questo potrebbe essere particolarmente utile in ambienti ad alto rischio, come l'industria manifatturiera, l'edilizia e i trasporti, contribuendo a creare un ambiente di lavoro più sicuro e a ridurre gli infortuni.

Un altro campo che potrebbe beneficiare dell'implementazione di Neuralink è l'intrattenimento. Gli sviluppatori di giochi potrebbero creare esperienze interattive in cui i giocatori controllano i personaggi e le azioni attraverso i loro pensieri. Questo livello di immersione potrebbe portare il gaming a nuove vette, offrendo esperienze completamente coinvolgenti che superano di gran lunga ciò che è possibile con i controlli tradizionali. Inoltre, i creatori di contenuti potrebbero sviluppare nuove forme di narrazione interattiva, in cui il pubblico può influenzare la trama e i personaggi attraverso le loro risposte cognitive.

La musica e l'arte potrebbero essere rivoluzionate dall'uso di Neuralink. I musicisti potrebbero comporre e suonare musica direttamente con i loro pensieri, creando composizioni uniche e sperimentali. Gli artisti visivi potrebbero utilizzare i loro impulsi cerebrali per creare opere d'arte digitali, esplorando nuove forme di espressione creativa che combinano tecnologia e immaginazione. Questo potrebbe portare a un'era di innovazione artistica senza precedenti, in cui le barriere tradizionali vengono abbattute e nuove possibilità emergono.

Neuralink potrebbe anche avere un impatto significativo sulla gestione dello stress e sul benessere mentale. I dispositivi BCI potrebbero essere utilizzati per monitorare l'attività cerebrale e identificare i segnali di stress o ansia. Le persone potrebbero quindi ricevere feedback in tempo reale e suggerimenti per tecniche di rilassamento o meditazione, migliorando il loro benessere psicologico. Questo potrebbe essere particolarmente utile in ambienti ad alto stress, come uffici aziendali o istituzioni educative, contribuendo a creare un ambiente più sano e produttivo.

Il potenziale di Neuralink nel campo della memoria è un'altra area di grande interesse. I dispositivi BCI potrebbero essere utilizzati per migliorare la memoria umana, facilitando l'immagazzinamento e il recupero delle informazioni. Questo potrebbe avere applicazioni pratiche in numerosi campi, dall'istruzione alla ricerca scientifica, permettendo alle persone di apprendere e ricordare informazioni in modo più efficiente. Inoltre, potrebbe aiutare le persone che soffrono di disturbi della memoria, come l'Alzheimer, a mantenere le loro capacità cognitive per periodi più lunghi.

La connettività globale potrebbe essere un altro beneficiario delle tecnologie sviluppate da Neuralink. Immagina un mondo in cui le persone possono comunicare telepaticamente indipendentemente dalle distanze geografiche. Questo non solo rivoluzionerebbe le comunicazioni personali e aziendali, ma potrebbe anche facilitare una cooperazione internazionale senza precedenti, migliorando la comprensione culturale e promuovendo la pace e la collaborazione globale.

Il campo della linguistica potrebbe essere rivoluzionato dall'uso di Neuralink. I dispositivi BCI potrebbero permettere una traduzione istantanea dei pensieri da una lingua all'altra, abbattendo le barriere linguistiche e permettendo una comunicazione fluida tra persone di diverse nazionalità. Questo potrebbe facilitare il commercio internazionale, l'istruzione globale e le relazioni diplomatiche, rendendo il mondo più interconnesso e comprensibile.

La tecnologia di Neuralink potrebbe anche aprire nuove possibilità nel campo della ricerca scientifica. I ricercatori potrebbero utilizzare i dati raccolti dai dispositivi BCI per studiare il funzionamento del cervello con una precisione senza precedenti, scoprendo nuovi aspetti della neurofisiologia e sviluppando nuove teorie sul funzionamento della mente. Questo potrebbe portare a scoperte rivoluzionarie in neuroscienza, psicologia e altre discipline correlate.

La filosofia e l'etica continueranno a giocare un ruolo cruciale nello sviluppo e nell'implementazione delle tecnologie di Neuralink. La società dovrà confrontarsi con domande fondamentali su identità, autonomia e la natura dell'esperienza umana. Il dialogo etico sarà essenziale per garantire che le tecnologie siano sviluppate e utilizzate in modo che promuova il benessere umano e protegga i diritti individuali. Le discussioni filosofiche sull'identità e la coscienza dovranno essere integrate nei processi decisionali e regolamentari per garantire che le tecnologie di Neuralink siano utilizzate in modo responsabile.

In definitiva, Neuralink rappresenta non solo una frontiera tecnologica, ma anche una nuova era di potenziale umano. Con il suo potenziale di trasformare la medicina, l'istruzione, la comunicazione, l'arte e molti altri campi, Neuralink sta aprendo nuove possibilità per migliorare la nostra comprensione del cervello e potenziare le capacità umane. Tuttavia, la realizzazione di questo potenziale richiederà una collaborazione globale, una regolamentazione responsabile e una riflessione etica profonda. La continua innovazione, insieme a un impegno per la sicurezza e l'equità, sarà essenziale per garantire che le tecnologie di Neuralink siano utilizzate in modo che beneficino l'intera umanità, promuovendo un futuro più connesso, intelligente e compassionevole.

- Concludi il punto in modo molto dettagliato

Neuralink, con la sua ambiziosa missione di creare interfacce cervello-computer avanzate, rappresenta una frontiera tecnologica che ha il potenziale di trasformare radicalmente il nostro modo di vivere, lavorare e comprendere il cervello umano. Le sue applicazioni sono vaste e diversificate, spaziando dalla medicina al potenziamento cognitivo, dall'intrattenimento alla comunicazione, e dall'assistenza agli anziani alla ricerca scientifica. Tuttavia, la realizzazione di questa visione comporta una serie di sfide tecniche, etiche e regolamentari che devono essere affrontate con attenzione e responsabilità.

In ambito medico, Neuralink promette di rivoluzionare il trattamento delle malattie neurologiche. Le interfacce cervello-computer potrebbero offrire nuove soluzioni per patologie come il morbo di Parkinson, l'Alzheimer, l'epilessia e la paralisi, migliorando significativamente la qualità della vita dei pazienti. La capacità di monitorare e stimolare l'attività neuronale con precisione potrebbe aprire nuove strade per terapie personalizzate e interventi precoci, riducendo i sintomi e rallentando la progressione delle malattie. La riabilitazione neurale potrebbe essere potenziata, permettendo ai pazienti di recuperare funzionalità motorie e cognitive perse.

Il potenziamento cognitivo offerto da Neuralink potrebbe trasformare l'istruzione e la formazione professionale. La possibilità di migliorare la memoria, la concentrazione e l'apprendimento aprirebbe nuove opportunità per l'acquisizione di competenze e conoscenze, rendendo l'istruzione più efficace e accessibile. Gli studenti potrebbero beneficiare di feedback in tempo reale e programmi di apprendimento personalizzati, mentre i professionisti potrebbero aggiornare le loro competenze in modo più rapido ed efficiente.

La comunicazione umana potrebbe essere rivoluzionata dalle tecnologie di Neuralink. L'interfacciamento diretto cervello-computer potrebbe permettere una comunicazione telepatica, superando le barriere linguistiche e culturali. Questo miglioramento nella comunicazione potrebbe avere implicazioni profonde per le relazioni personali, il lavoro di squadra e la diplomazia internazionale. La possibilità di tradurre i pensieri in tempo reale potrebbe facilitare una cooperazione globale senza precedenti, promuovendo la comprensione e la collaborazione tra diverse culture e nazionalità.

Neuralink potrebbe anche avere un impatto significativo sul settore dell'intrattenimento e dell'arte. Gli sviluppatori di giochi e contenuti multimediali potrebbero creare esperienze interattive in cui gli utenti controllano l'azione con i loro pensieri, offrendo un livello di immersione senza precedenti. Gli artisti potrebbero esplorare nuove forme di espressione creativa, utilizzando i dispositivi BCI per trasformare le loro visioni interiori in opere d'arte digitali. Questo potrebbe portare a un'era di innovazione artistica, in cui le possibilità creative sono limitate solo dall'immaginazione.

La sicurezza e la privacy dei dati saranno fondamentali per l'adozione diffusa di Neuralink. I dati raccolti dalle interfacce cervello-computer sono estremamente sensibili, e la protezione di questi dati deve essere una priorità assoluta. Neuralink dovrà implementare misure di sicurezza avanzate, inclusi protocolli di crittografia e autenticazione robusti, per garantire che i dati siano protetti da accessi non autorizzati e usi impropri. La trasparenza nelle pratiche di gestione dei dati e il rispetto dei diritti degli utenti saranno essenziali per costruire la fiducia del pubblico.

L'accessibilità è un'altra considerazione critica. Per garantire che i benefici di Neuralink siano equamente distribuiti, è fondamentale sviluppare politiche e programmi che rendano le tecnologie accessibili a persone di tutte le fasce socio-economiche. Questo potrebbe includere sovvenzioni, programmi di finanziamento e collaborazioni con enti pubblici e privati per ridurre i costi e aumentare la disponibilità dei dispositivi. L'inclusione sociale deve essere al centro dello sviluppo e dell'implementazione di queste tecnologie, prevenendo la creazione di nuove disparità.

L'uso di Neuralink in ambito militare e di sicurezza solleva preoccupazioni etiche significative. È essenziale stabilire regolamentazioni chiare e rigorose per prevenire l'abuso delle tecnologie BCI a scopi militari o di sorveglianza. La comunità internazionale dovrà collaborare per sviluppare normative che proteggano i diritti umani e garantiscano l'uso etico delle tecnologie avanzate. Le implicazioni etiche di potenziare le capacità umane attraverso la tecnologia richiedono un dibattito pubblico e una riflessione approfondita per bilanciare i benefici con i potenziali rischi.

Neuralink potrebbe anche influenzare la filosofia e la comprensione della natura umana. La possibilità di potenziare le capacità cognitive e sensoriali solleva domande fondamentali su cosa significhi essere umani e fino a che punto sia etico modificare la nostra biologia. La società dovrà confrontarsi con questi dilemmi filosofici e sviluppare una comprensione condivisa delle implicazioni delle tecnologie potenziate. Il dialogo etico sarà essenziale per garantire che le tecnologie di Neuralink siano utilizzate in modo responsabile e rispettoso della dignità umana.

In conclusione, Neuralink rappresenta una delle innovazioni più promettenti e rivoluzionarie del nostro tempo. Con il suo potenziale di trasformare la medicina, migliorare le capacità umane, rivoluzionare la comunicazione e aprire nuove frontiere nella ricerca scientifica, Neuralink sta aprendo nuove possibilità per migliorare la nostra comprensione del cervello e potenziare le capacità umane. Tuttavia, la realizzazione di questo potenziale richiederà una collaborazione globale, una regolamentazione responsabile e una riflessione etica profonda. La continua innovazione, insieme a un impegno per la sicurezza e l'equità, sarà essenziale per garantire che le tecnologie di Neuralink siano utilizzate in modo che beneficino l'intera umanità, promuovendo un futuro più connesso, intelligente e compassionevole.

10. The Boring Company L'idea dietro The Boring Company e i progetti di infrastrutture per il trasporto sotterraneo.

The Boring Company e i Progetti di Infrastrutture per il Trasporto Sotterraneo

The Boring Company, fondata da Elon Musk nel 2016, nasce da una visione innovativa per rivoluzionare il trasporto urbano e ridurre il traffico congestionato delle città attraverso la costruzione di tunnel sotterranei. L'idea alla base della società è quella di creare un sistema di trasporto rapido e efficiente utilizzando una rete di tunnel che possano ospitare veicoli elettrici su piattaforme chiamate "skate" o capsule per il trasporto passeggeri.

Origine e Visione

L'ispirazione per The Boring Company è nata dalla frustrazione di Musk per il traffico urbano, che ha portato alla concezione di una soluzione innovativa: spostare il trasporto in sotterraneo. L'obiettivo principale è di creare una rete di tunnel a più livelli che possa decongestionare le strade di superficie e offrire un mezzo di trasporto rapido e sicuro. Questa visione si basa sull'idea che viaggiare sottoterra può ridurre significativamente i tempi di percorrenza e migliorare l'efficienza del trasporto urbano.

Tecnologia e Metodologia di Scavo

La tecnologia di scavo di The Boring Company mira a ridurre i costi e aumentare la velocità di costruzione rispetto ai metodi tradizionali. Le tradizionali macchine perforatrici per tunnel (TBM) sono costose e lente, quindi Musk ha proposto diversi miglioramenti per ottimizzare il processo. Tra le innovazioni principali vi sono:

1. **Macchine Perforatrici Avanzate**: The Boring Company sviluppa TBM più efficienti che possono scavare più velocemente e con meno interruzioni. Le macchine sono progettate per essere più piccole e leggere, riducendo i costi di produzione e di operazione.

2. **Automazione e Intelligenza Artificiale**: L'uso di sistemi automatizzati e di intelligenza artificiale per monitorare e controllare le TBM permette di migliorare l'efficienza dello scavo, riducendo al minimo gli errori e ottimizzando le operazioni.

3. **Materiali Innovativi**: L'impiego di nuovi materiali per il rivestimento dei tunnel e delle strutture di supporto migliora la durabilità e la sicurezza, riducendo i costi di manutenzione a lungo termine.

4. **Economia di Scala**: La costruzione di una rete estesa di tunnel permetterà di sfruttare le economie di scala, riducendo ulteriormente i costi per chilometro di tunnel scavato.

Progetti Pilota e Infrastrutture

Uno dei progetti più noti di The Boring Company è il "Loop", un sistema di trasporto che utilizza veicoli elettrici su piattaforme per spostare i passeggeri attraverso tunnel sotterranei a velocità elevate. Il primo progetto pilota è stato realizzato a Las Vegas, noto come "Las Vegas Convention Center Loop".

Questo sistema collega diversi punti del centro congressi, riducendo i tempi di percorrenza da 15 minuti a meno di 2 minuti.

Il progetto di Las Vegas ha dimostrato la fattibilità del concetto e ha suscitato interesse in altre città. The Boring Company ha proposto progetti simili in altre località, come Los Angeles e Chicago, per creare reti di trasporto sotterranee che possano alleviare il traffico urbano e migliorare la mobilità.

Hyperloop e Integrazione con Altri Sistemi di Trasporto

Un altro aspetto interessante di The Boring Company è la sua integrazione potenziale con il progetto Hyperloop. Mentre l'Hyperloop mira a creare un sistema di trasporto ad alta velocità in tubi a bassa pressione, The Boring Company potrebbe costruire i tunnel necessari per ospitare queste capsule. Questa sinergia potrebbe portare a una rete di trasporto interconnessa che combina il meglio del trasporto sotterraneo urbano con la velocità dell'Hyperloop per viaggi interurbani.

Implicazioni Ambientali e Sociali

L'adozione di tunnel sotterranei per il trasporto può avere significative implicazioni ambientali e sociali. Riducendo il traffico di superficie, The Boring Company può contribuire a diminuire le emissioni di gas serra e migliorare la qualità dell'aria nelle città. Inoltre, i tunnel sotterranei riducono l'inquinamento acustico e liberano spazio in superficie per aree verdi e spazi pubblici.

Dal punto di vista sociale, questi progetti possono migliorare la qualità della vita urbana, riducendo i tempi di pendolarismo e aumentando l'efficienza del trasporto pubblico. Tuttavia, la costruzione di tali infrastrutture richiede investimenti significativi e una pianificazione attenta per minimizzare l'impatto durante la fase di costruzione e per garantire che i benefici siano equamente distribuiti tra tutte le fasce della popolazione.

Sfide e Prospettive Future

Nonostante i promettenti vantaggi, The Boring Company deve affrontare diverse sfide. La perforazione di tunnel, specialmente in aree densamente popolate, comporta rischi geologici e ingegneristici. La gestione dei costi, la regolamentazione e l'ottenimento delle autorizzazioni necessarie sono altri ostacoli significativi. Inoltre, è essenziale garantire che i progetti siano economicamente sostenibili e che possano attrarre il supporto di investitori e istituzioni pubbliche.

Guardando al futuro, The Boring Company ha il potenziale di trasformare il trasporto urbano e interurbano. Se le tecnologie sviluppate si dimostrano efficaci e sostenibili, potrebbero essere adottate in molte città del mondo, contribuendo a risolvere problemi di traffico e inquinamento. La continua innovazione e la collaborazione con governi, imprese e comunità saranno cruciali per il successo a lungo termine di questi progetti.

In sintesi, The Boring Company rappresenta un approccio innovativo al problema del traffico urbano e delle infrastrutture di trasporto. Con una combinazione di tecnologie avanzate, metodologie di scavo efficienti e una visione audace per il futuro, l'azienda mira a rivoluzionare il modo in cui le città gestiscono il trasporto e migliorano la mobilità. Sebbene ci siano sfide significative da superare, il potenziale impatto positivo sulla società e sull'ambiente rende questi progetti particolarmente promettenti e degni di attenzione.

La visione di Elon Musk per The Boring Company si estende oltre la semplice creazione di tunnel sotterranei per alleviare il traffico urbano. L'azienda mira a rivoluzionare il modo in cui le infrastrutture di trasporto sono progettate e costruite, con un focus su efficienza, sostenibilità e scalabilità.

Uno degli elementi più innovativi del lavoro di The Boring Company è l'idea di utilizzare un sistema modulare di costruzione. Questo approccio prevede l'uso di segmenti di tunnel prefabbricati che possono essere rapidamente assemblati sul sito, riducendo significativamente i tempi e i costi di costruzione. Questa tecnica, se applicata su larga scala, potrebbe accelerare notevolmente lo sviluppo di nuove reti di trasporto sotterranee, rendendo più accessibili progetti che altrimenti sarebbero troppo costosi e complessi.

The Boring Company sta anche esplorando l'uso di veicoli autonomi all'interno dei suoi tunnel. Questi veicoli elettrici, progettati specificamente per operare in ambienti sotterranei, potrebbero trasportare passeggeri e merci in modo rapido ed efficiente, senza le limitazioni dei veicoli tradizionali. La combinazione di veicoli autonomi e infrastrutture sotterranee potrebbe portare a un nuovo paradigma di trasporto urbano, riducendo la necessità di conducenti e migliorando la sicurezza.

Un altro aspetto interessante è la possibilità di utilizzare i tunnel di The Boring Company per altri scopi oltre al trasporto. Ad esempio, i tunnel potrebbero essere utilizzati per la posa di infrastrutture di servizi pubblici, come condutture per l'acqua, cavi elettrici e reti di telecomunicazioni. Questa multifunzionalità non solo ottimizza l'uso dello spazio sotterraneo, ma offre anche un modo più sicuro e meno invasivo per aggiornare le infrastrutture esistenti nelle città.

Il concetto di tunnel multi-livello è un'altra innovazione che The Boring Company sta esplorando. Invece di costruire singoli tunnel per ciascuna linea di trasporto, l'idea è di creare reti di tunnel a più livelli che possono ospitare diversi tipi di veicoli e servizi contemporaneamente. Questo approccio potrebbe aumentare la capacità e la flessibilità delle reti di trasporto sotterranee, permettendo di gestire meglio i picchi di domanda e di adattarsi alle esigenze future.

The Boring Company ha anche proposto l'uso di ascensori verticali per l'accesso ai tunnel, piuttosto che le tradizionali rampe di accesso. Questi ascensori possono essere installati in piccoli spazi urbani, come parcheggi o lotti inutilizzati, e permettono ai veicoli di entrare e uscire dai tunnel in modo rapido e sicuro. Questa soluzione non solo riduce l'impatto superficiale delle infrastrutture, ma rende anche il sistema più accessibile e versatile.

La sostenibilità è un altro pilastro fondamentale della visione di The Boring Company. Oltre a ridurre il traffico di superficie e le emissioni di gas serra, i tunnel sotterranei possono essere costruiti utilizzando materiali riciclati e tecniche di costruzione ecologiche. L'energia necessaria per il funzionamento dei veicoli elettrici e delle infrastrutture può essere fornita da fonti rinnovabili, come l'energia solare e eolica, contribuendo ulteriormente a ridurre l'impatto ambientale del sistema.

L'implementazione di tecnologie di gestione intelligente del traffico all'interno dei tunnel è un altro campo di innovazione. I sistemi di intelligenza artificiale possono monitorare e ottimizzare il flusso del traffico, riducendo i tempi di attesa e migliorando l'efficienza complessiva. Questi sistemi possono adattarsi in tempo reale alle variazioni della domanda, garantendo che i passeggeri e le merci vengano trasportati nel modo più rapido e sicuro possibile.

L'aspetto della sicurezza è stato rigorosamente considerato nella progettazione dei tunnel di The Boring Company. I tunnel sono progettati per essere resistenti ai terremoti e altri disastri naturali, con sistemi di ventilazione e evacuazione avanzati per garantire la sicurezza dei passeggeri. Inoltre, la presenza di veicoli autonomi riduce il rischio di incidenti causati dall'errore umano, migliorando ulteriormente la sicurezza del sistema.

The Boring Company sta anche esplorando il potenziale dei suoi tunnel per l'uso in emergenze e situazioni di crisi. I tunnel potrebbero essere utilizzati come vie di evacuazione sicure in caso di disastri naturali o attacchi, fornendo un rifugio sicuro e un mezzo di evacuazione rapido per le popolazioni urbane. Questo uso multifunzionale delle infrastrutture sotterranee potrebbe diventare una componente critica della pianificazione urbana resiliente.

In termini di impatto economico, i progetti di The Boring Company potrebbero generare numerosi benefici. La costruzione e la manutenzione delle reti di tunnel creerebbero posti di lavoro e stimolerebbero l'economia locale. Inoltre, l'aumento dell'efficienza dei trasporti ridurrebbe i costi associati ai ritardi e alla congestione, migliorando la produttività e la competitività delle città.

L'integrazione di The Boring Company con altre iniziative di Elon Musk, come Tesla e SpaceX, offre ulteriori possibilità di innovazione. Ad esempio, i veicoli Tesla potrebbero essere ottimizzati per l'uso nei tunnel, migliorando ulteriormente l'efficienza e la sostenibilità del sistema. Le tecnologie sviluppate per le operazioni spaziali di SpaceX potrebbero essere adattate per migliorare i processi di scavo e costruzione dei tunnel.

Il futuro di The Boring Company dipende dalla capacità di superare le sfide tecniche e regolamentari, nonché dalla collaborazione con le autorità locali e le comunità. Tuttavia, con il continuo progresso tecnologico e l'innovazione, l'azienda ha il potenziale di trasformare il panorama urbano, creando città più sostenibili, efficienti e vivibili. L'approccio visionario di Elon Musk e l'impegno di The Boring Company per l'innovazione rappresentano un passo significativo verso la realizzazione di un futuro in cui il trasporto urbano è sicuro, sostenibile e altamente efficiente.

The Boring Company ha iniziato a esplorare la possibilità di ridurre ulteriormente i costi e i tempi di scavo dei tunnel attraverso la miniaturizzazione e l'ottimizzazione delle macchine perforatrici. Le macchine tradizionali sono spesso ingombranti e costose, richiedendo una notevole quantità di tempo per l'installazione e la manutenzione. The Boring

Company sta sviluppando una nuova generazione di macchine perforatrici che sono più leggere, compatte e in grado di operare con maggiore efficienza energetica. Queste nuove macchine potrebbero rivoluzionare il settore delle costruzioni sotterranee, rendendo i progetti di tunnel più accessibili e scalabili.

Un altro elemento chiave nella visione di The Boring Company è l'uso di sistemi di navigazione avanzati per i veicoli all'interno dei tunnel. Questi sistemi si basano su tecnologie di intelligenza artificiale e machine learning per ottimizzare il percorso e ridurre i tempi di viaggio. Utilizzando sensori avanzati e algoritmi di previsione del traffico, i veicoli possono comunicare tra loro e con la rete di tunnel per evitare congestioni e incidenti, garantendo un flusso di traffico continuo e sicuro.

La flessibilità dei sistemi di trasporto di The Boring Company è un altro aspetto innovativo. I tunnel possono essere adattati per diverse modalità di trasporto, non solo per veicoli privati, ma anche per servizi di trasporto pubblico e logistica. Questo approccio multimodale potrebbe facilitare l'integrazione dei tunnel con le infrastrutture di trasporto esistenti, creando una rete di trasporto urbano più coesa ed efficiente. Ad esempio, i tunnel potrebbero essere utilizzati per linee di autobus o per il trasporto di merci, migliorando la logistica urbana e riducendo il traffico di superficie.

L'aspetto della sostenibilità ambientale è fortemente considerato nei progetti di The Boring Company. I tunnel sotterranei possono contribuire alla riduzione delle emissioni di gas serra non solo riducendo il traffico di superficie, ma anche integrando tecnologie di energia rinnovabile. I tunnel potrebbero essere alimentati da energia solare o eolica, e i veicoli utilizzati all'interno potrebbero essere completamente elettrici, eliminando le emissioni di combustibili fossili. Inoltre, i materiali utilizzati per la costruzione dei tunnel possono essere riciclati e provenire da fonti sostenibili, riducendo ulteriormente l'impatto ambientale.

La costruzione di tunnel sotterranei offre anche vantaggi significativi in termini di riduzione dell'inquinamento acustico. Le città moderne sono spesso afflitte da rumori causati dal traffico e dalle attività industriali, che possono avere effetti negativi sulla salute e sul benessere dei residenti. Spostare una parte significativa del traffico sottoterra potrebbe ridurre drasticamente il livello di rumore, creando ambienti urbani più tranquilli e vivibili.

Le tecnologie di The Boring Company possono anche essere applicate a progetti di infrastrutture critiche in aree vulnerabili. Ad esempio, in regioni soggette a terremoti o inondazioni, i tunnel sotterranei possono offrire un'alternativa sicura e affidabile alle infrastrutture di superficie, che sono più suscettibili ai danni. I tunnel possono essere progettati per resistere a condizioni estreme, garantendo la continuità dei servizi di trasporto e la protezione delle reti di servizi pubblici.

L'aspetto economico della costruzione dei tunnel è un'altra area in cui The Boring Company sta cercando di fare la differenza. Riducendo i costi di scavo e costruzione, l'azienda mira a rendere i progetti di tunnel più accessibili a un maggior numero di città e comunità. Questo potrebbe portare a una democratizzazione delle tecnologie di trasporto avanzato, permettendo anche alle città più piccole e meno abbienti di beneficiare delle infrastrutture di trasporto sotterraneo. La riduzione dei costi può essere ottenuta attraverso l'innovazione tecnologica, l'efficienza operativa e le economie di scala derivanti dalla produzione di massa di macchine perforatrici e componenti di tunnel.

La sicurezza dei passeggeri è una priorità assoluta per The Boring Company. I tunnel sono progettati con sistemi avanzati di ventilazione, rilevamento e soppressione incendi, e percorsi di evacuazione di emergenza per garantire la sicurezza in ogni situazione. Inoltre, l'uso di veicoli autonomi riduce il rischio di incidenti causati da errori umani, migliorando la sicurezza complessiva del sistema di trasporto.

La visione a lungo termine di The Boring Company include anche l'espansione delle reti di tunnel su scala globale. L'azienda sta già esplorando opportunità in diverse città e paesi, con l'obiettivo di creare una rete di trasporto sotterranea interconnessa che possa migliorare la mobilità urbana in tutto il mondo. La collaborazione con governi locali, aziende private e organizzazioni internazionali sarà essenziale per realizzare questa visione e superare le sfide logistiche e regolamentari.

Un aspetto affascinante del lavoro di The Boring Company è l'intersezione con altre tecnologie emergenti, come la realtà aumentata e virtuale. Queste tecnologie possono essere utilizzate per migliorare l'esperienza dei passeggeri all'interno dei tunnel, offrendo informazioni in tempo reale, intrattenimento e persino assistenza in caso di emergenza. L'integrazione di queste tecnologie avanzate può trasformare il viaggio in tunnel da un semplice mezzo di trasporto a un'esperienza immersiva e interattiva.

The Boring Company sta anche considerando l'uso di intelligenza artificiale e big data per ottimizzare la gestione dei tunnel. Analizzando enormi quantità di dati raccolti dai sensori e dai sistemi di monitoraggio, gli algoritmi di IA possono prevedere problemi e migliorare l'efficienza operativa. Questo approccio proattivo alla manutenzione e alla gestione delle infrastrutture può ridurre i costi operativi e migliorare la durata e l'affidabilità dei tunnel.

L'interazione tra The Boring Company e altre iniziative di Elon Musk, come SpaceX e Tesla, offre ulteriori opportunità di innovazione e sinergia. Ad esempio, le tecnologie sviluppate per i razzi SpaceX possono essere adattate per migliorare le macchine perforatrici, mentre i veicoli Tesla possono essere ottimizzati per l'uso nei tunnel, creando un sistema di trasporto completamente integrato e altamente efficiente.

Infine, l'impatto sociale dei progetti di The Boring Company non può essere sottovalutato. Creare infrastrutture di trasporto avanzate può migliorare significativamente la qualità della vita nelle aree urbane, riducendo i tempi di viaggio, migliorando l'accessibilità e aumentando la sostenibilità ambientale. Questi benefici possono portare a una maggiore equità sociale, offrendo a tutte le fasce della popolazione accesso a trasporti efficienti e sicuri.

In conclusione, The Boring Company sta ridefinendo il concetto di infrastrutture di trasporto attraverso l'innovazione tecnologica e la visione ambiziosa di Elon Musk. Con un focus sulla riduzione dei costi, l'aumento dell'efficienza e la sostenibilità ambientale, l'azienda sta creando una nuova era di mobilità urbana. Sebbene ci siano molte sfide da affrontare, il potenziale impatto positivo sulla società e sull'ambiente rende questi progetti particolarmente promettenti e degni di attenzione. Con il continuo progresso tecnologico e la collaborazione globale, The Boring Company ha il potenziale di trasformare il futuro del trasporto urbano e interurbano, rendendo le città più vivibili, sostenibili ed efficienti.

La creazione di una rete di tunnel sotterranei da parte di The Boring Company comporta anche una serie di implicazioni urbanistiche ed economiche che potrebbero trasformare significativamente le città moderne. Una delle idee più rivoluzionarie è l'uso di queste infrastrutture per creare nuovi spazi commerciali e residenziali sotterranei. Questo concetto potrebbe alleviare la pressione sugli spazi di superficie nelle città densamente popolate, permettendo la costruzione di negozi, uffici e abitazioni al di sotto del livello stradale. Questi spazi potrebbero essere collegati direttamente alla rete di trasporto sotterranea, creando un ecosistema urbano integrato e altamente efficiente.

L'uso di tunnel sotterranei per il trasporto merci è un'altra innovazione promettente. Attualmente, il trasporto merci nelle città contribuisce in modo significativo alla congestione del traffico e all'inquinamento atmosferico. Utilizzando tunnel dedicati per il trasporto delle merci, The Boring Company potrebbe ridurre drasticamente il traffico di superficie e migliorare l'efficienza della logistica urbana. I tunnel potrebbero ospitare sistemi automatizzati per il trasporto di pacchi e materiali, riducendo i tempi di consegna e abbassando i costi operativi per le aziende.

La progettazione e la costruzione di tunnel richiedono una comprensione approfondita della geologia e delle condizioni del terreno. The Boring Company utilizza tecniche avanzate di imaging e mappatura per analizzare il sottosuolo prima di iniziare qualsiasi progetto di scavo. Questi studi preliminari aiutano a identificare potenziali ostacoli, come rocce dure o falde acquifere, e a pianificare percorsi ottimali per i tunnel. La tecnologia di mappatura avanzata consente anche di monitorare in tempo reale lo stato del terreno durante lo scavo, riducendo il rischio di crolli e garantendo la sicurezza delle operazioni.

Un altro campo di interesse per The Boring Company è l'integrazione dei sistemi di trasporto sotterraneo con la rete elettrica urbana. I tunnel potrebbero ospitare cavi elettrici ad alta tensione, migliorando la distribuzione dell'energia e riducendo le perdite di trasmissione. Questa integrazione potrebbe supportare la crescente domanda di energia elettrica nelle città, in particolare con l'aumento dell'uso di veicoli elettrici e altre tecnologie ad alta intensità energetica. Inoltre, la protezione dei cavi elettrici all'interno dei tunnel riduce il rischio di danni causati da eventi meteorologici estremi o atti vandalici.

The Boring Company sta esplorando anche l'uso di materiali innovativi e sostenibili per la costruzione dei tunnel. Ad esempio, il cemento autoriparante potrebbe essere utilizzato per ridurre i costi di manutenzione e aumentare la durata delle strutture. Questo tipo di cemento contiene microcapsule che rilasciano agenti riparatori quando si formano crepe, mantenendo la struttura intatta e riducendo la necessità di riparazioni frequenti. Altri materiali, come i compositi rinforzati con fibre, potrebbero essere utilizzati per costruire segmenti di tunnel più leggeri e resistenti.

La gestione delle acque sotterranee è un'altra considerazione cruciale nella costruzione di tunnel. I sistemi di drenaggio avanzati possono essere integrati nei tunnel per gestire l'acqua piovana e le falde acquifere, prevenendo allagamenti e garantendo un ambiente asciutto e sicuro. Questi sistemi possono anche essere progettati per raccogliere e riutilizzare l'acqua, contribuendo alla sostenibilità delle risorse idriche urbane.

L'aspetto dell'illuminazione all'interno dei tunnel è fondamentale per garantire la sicurezza e il comfort dei passeggeri. The Boring Company sta sviluppando soluzioni di illuminazione a LED ad alta efficienza energetica, che non solo illuminano i tunnel ma creano anche un ambiente piacevole per gli utenti. L'illuminazione intelligente può essere regolata in base alle condizioni di traffico e all'ora del giorno, migliorando ulteriormente l'efficienza energetica.

Il sistema di ventilazione è un'altra componente critica dei tunnel sotterranei. The Boring Company utilizza tecnologie di ventilazione avanzate per garantire una qualità dell'aria ottimale all'interno dei tunnel. Questi sistemi rimuovono il calore, i fumi e gli inquinanti, mantenendo un ambiente sicuro e confortevole per i passeggeri. La ventilazione efficiente è particolarmente importante nei tunnel lunghi, dove la circolazione dell'aria può essere limitata.

La sicurezza antincendio è una priorità assoluta per The Boring Company. I tunnel sono dotati di sistemi di rilevamento e soppressione incendi all'avanguardia, che possono rilevare e spegnere incendi rapidamente per prevenire la diffusione delle fiamme. Le vie di evacuazione e i punti di accesso di emergenza sono progettati per garantire che i passeggeri possano evacuare in sicurezza in caso di emergenza.

Un ulteriore vantaggio dei tunnel sotterranei è la possibilità di ridurre l'impatto visivo delle infrastrutture di trasporto. Spostando i veicoli sotto terra, The Boring Company contribuisce a preservare l'estetica urbana e a liberare spazio in superficie per parchi, aree pedonali e altre infrastrutture pubbliche. Questo approccio non solo migliora la qualità della vita nelle città, ma contribuisce anche alla creazione di ambienti più verdi e sostenibili.

L'integrazione di tecnologie di gestione del traffico in tempo reale è un altro campo di innovazione per The Boring Company. Utilizzando sensori e sistemi di intelligenza artificiale, l'azienda può monitorare e gestire il flusso del traffico all'interno dei tunnel, ottimizzando i tempi di viaggio e riducendo la congestione. Questi sistemi possono adattarsi dinamicamente alle condizioni di traffico, garantendo che i tunnel operino al massimo dell'efficienza in ogni momento.

La progettazione dei tunnel di The Boring Company prevede anche soluzioni per ridurre l'impatto delle vibrazioni e del rumore sulla superficie. Questo è particolarmente importante in aree densamente popolate, dove le vibrazioni causate dal traffico sotterraneo potrebbero disturbare le attività quotidiane. Utilizzando tecniche avanzate di isolamento e smorzamento delle vibrazioni, l'azienda può garantire che i tunnel operino in modo silenzioso e senza disturbare la vita urbana.

L'aspetto della manutenzione predittiva è fondamentale per garantire l'affidabilità a lungo termine dei tunnel sotterranei. The Boring Company utilizza sensori avanzati per monitorare continuamente le condizioni strutturali e operazionali dei tunnel. Questi sensori raccolgono dati in tempo reale che vengono analizzati utilizzando algoritmi di intelligenza artificiale per identificare potenziali problemi prima che diventino critici. Questo approccio proattivo alla manutenzione riduce i tempi di inattività e i costi di riparazione, migliorando l'affidabilità complessiva del sistema.

La possibilità di espandere la rete di tunnel in futuro è un altro vantaggio significativo del progetto di The Boring Company. I tunnel possono essere progettati con moduli di espansione che consentono l'aggiunta di nuove diramazioni e collegamenti senza interrompere le operazioni esistenti. Questa flessibilità è essenziale per adattarsi alle esigenze future delle città e per garantire che la rete di trasporto possa crescere e evolversi nel tempo.

L'inclusione sociale è un elemento chiave nella visione di The Boring Company. L'azienda si impegna a garantire che le infrastrutture di trasporto sotterraneo siano accessibili a tutti i cittadini, indipendentemente dal loro background economico o sociale. Questo include la progettazione di stazioni e veicoli accessibili per persone con disabilità, così come tariffe eque che rendano il sistema di trasporto accessibile a tutte le fasce della popolazione.

La collaborazione con le comunità locali è essenziale per il successo dei progetti di The Boring Company. L'azienda lavora a stretto contatto con i residenti, le imprese locali e le autorità cittadine per garantire che i progetti siano progettati e realizzati in modo che rispondano alle esigenze della comunità. Questo approccio collaborativo non solo aumenta l'accettazione dei progetti, ma contribuisce anche a creare soluzioni di trasporto che migliorano la qualità della vita per tutti.

In definitiva, The Boring Company rappresenta una visione audace e innovativa per il futuro del trasporto urbano. Con un focus sulla riduzione dei costi, l'aumento dell'efficienza, la sostenibilità ambientale e l'inclusione sociale, l'azienda sta sviluppando soluzioni che potrebbero trasformare il modo in cui le città gestiscono il trasporto e le infrastrutture. Sebbene ci siano molte sfide da affrontare, il potenziale impatto positivo sulla società e sull'ambiente rende questi progetti particolarmente promettenti e degni di attenzione. Con il continuo progresso tecnologico e la collaborazione globale, The Boring Company ha il potenziale di realizzare una nuova era di mobilità urbana, rendendo le città più vivibili, sosten

1/2

L'implementazione dei progetti di The Boring Company non si limita solo alla creazione di infrastrutture fisiche, ma coinvolge anche un cambiamento radicale nella gestione della mobilità urbana. Un aspetto interessante è l'integrazione di sistemi di pagamento avanzati per l'uso delle reti di tunnel. I passeggeri potrebbero utilizzare tecnologie di pagamento contactless, come smartphone e smartwatch, o persino soluzioni di riconoscimento facciale per accedere ai veicoli e ai tunnel. Questa tecnologia potrebbe ridurre i tempi di attesa e semplificare l'intero processo di utilizzo del sistema di trasporto.

La gestione della congestione del traffico è un problema complesso che The Boring Company affronta attraverso l'uso di tecnologie di gestione del traffico in tempo reale. I sensori installati nei tunnel possono monitorare il flusso dei veicoli e raccogliere dati che vengono poi analizzati da algoritmi di intelligenza artificiale per ottimizzare i percorsi e ridurre i tempi di viaggio. Questo sistema intelligente può reindirizzare i veicoli in base alle condizioni del traffico, minimizzando i ritardi e migliorando l'efficienza complessiva del sistema.

Un altro aspetto critico è la manutenzione e la gestione delle infrastrutture sotterranee. La manutenzione predittiva gioca un ruolo fondamentale nell'assicurare che i tunnel rimangano operativi e sicuri. I sensori integrati nei tunnel possono monitorare costantemente le condizioni strutturali e identificare i problemi potenziali prima che diventino critici. Questo approccio riduce i tempi di inattività e i costi di riparazione, migliorando la durata e l'affidabilità delle infrastrutture.

The Boring Company sta anche esplorando l'uso di materiali innovativi per la costruzione dei tunnel. Ad esempio, l'uso di calcestruzzo autoriparante può ridurre significativamente i costi di manutenzione a lungo termine. Questo materiale contiene microcapsule che rilasciano agenti riparatori quando si formano crepe, mantenendo la struttura del tunnel intatta senza interventi manuali. Altri materiali avanzati, come i compositi rinforzati con fibre, possono essere utilizzati per costruire segmenti di tunnel più leggeri e resistenti, migliorando la sicurezza e riducendo i costi di costruzione.

La ventilazione all'interno dei tunnel è un'altra area di innovazione. I sistemi di ventilazione avanzati non solo garantiscono una qualità dell'aria ottimale, ma possono anche essere utilizzati per regolare la temperatura e il livello di umidità, migliorando il comfort dei passeggeri. Questi sistemi possono essere gestiti in modo intelligente per adattarsi alle condizioni ambientali e alle esigenze operative, riducendo il consumo energetico e migliorando l'efficienza complessiva.

L'illuminazione è un altro componente essenziale per garantire la sicurezza e il comfort nei tunnel. The Boring Company utilizza soluzioni di illuminazione a LED ad alta efficienza energetica, che offrono una visibilità eccellente e riducono i costi energetici. Le luci possono essere controllate in modo dinamico per adattarsi alle condizioni del traffico e all'ora del giorno, migliorando ulteriormente l'efficienza energetica e l'esperienza dei passeggeri.

Un altro campo di esplorazione è l'uso di energia rinnovabile per alimentare i sistemi di trasporto sotterraneo. I tunnel potrebbero essere integrati con pannelli solari e turbine eoliche per generare energia pulita. Questa energia potrebbe essere utilizzata per alimentare i veicoli elettrici, i sistemi di ventilazione, l'illuminazione e altre infrastrutture operative, riducendo l'impatto ambientale e promuovendo la sostenibilità.

La possibilità di utilizzare i tunnel per il trasporto di merci è un altro aspetto rivoluzionario. Le attuali infrastrutture di trasporto merci contribuiscono significativamente alla congestione del traffico e all'inquinamento. Utilizzando tunnel sotterranei dedicati, The Boring Company potrebbe creare un sistema di trasporto merci rapido ed efficiente, riducendo il traffico di superficie e migliorando la logistica urbana. Questo sistema potrebbe includere veicoli autonomi che trasportano pacchi e materiali, riducendo i tempi di consegna e abbassando i costi operativi per le aziende.

The Boring Company sta anche considerando l'integrazione dei suoi tunnel con la rete elettrica urbana. I tunnel potrebbero ospitare cavi elettrici ad alta tensione, migliorando la distribuzione dell'energia e riducendo le perdite di trasmissione. Questa integrazione potrebbe supportare la crescente domanda di energia elettrica nelle città, in particolare con l'aumento dell'uso di veicoli elettrici e altre tecnologie ad alta intensità energetica.

La riduzione dell'inquinamento acustico è un altro beneficio significativo dei tunnel sotterranei. Le città moderne sono spesso afflitte dal rumore causato dal traffico e dalle attività industriali, che possono avere effetti negativi sulla salute e sul benessere dei residenti. Spostare una parte significativa del traffico sottoterra può ridurre drasticamente il livello di rumore, creando ambienti urbani più tranquilli e vivibili.

L'uso di intelligenza artificiale e big data per ottimizzare la gestione dei tunnel è un'area di grande interesse. Analizzando enormi quantità di dati raccolti dai sensori e dai sistemi di monitoraggio, gli algoritmi di IA possono prevedere problemi e migliorare l'efficienza operativa. Questo approccio proattivo alla manutenzione e alla gestione delle infrastrutture può ridurre i costi operativi e migliorare la durata e l'affidabilità dei tunnel.

L'integrazione di tecnologie di realtà aumentata e virtuale nei tunnel può migliorare l'esperienza dei passeggeri. Queste tecnologie possono essere utilizzate per fornire informazioni in tempo reale, intrattenimento e persino assistenza in caso di emergenza. L'integrazione di queste tecnologie avanzate può trasformare il viaggio in tunnel da un semplice mezzo di trasporto a un'esperienza immersiva e interattiva.

The Boring Company sta anche considerando l'uso di tecnologie di riconoscimento facciale e biometrico per migliorare la sicurezza e l'efficienza dei sistemi di trasporto. Queste tecnologie possono essere utilizzate per verificare l'identità dei passeggeri e garantire che solo le persone autorizzate possano accedere ai tunnel. Questo approccio può migliorare la sicurezza e ridurre i tempi di attesa, rendendo il sistema di trasporto più fluido e sicuro.

L'interazione tra The Boring Company e altre iniziative di Elon Musk, come SpaceX e Tesla, offre ulteriori opportunità di innovazione e sinergia. Ad esempio, le tecnologie sviluppate per i razzi SpaceX possono essere adattate per migliorare le macchine perforatrici, mentre i veicoli Tesla possono essere ottimizzati per l'uso nei tunnel, creando un sistema di trasporto completamente integrato e altamente efficiente.

L'implementazione dei progetti di The Boring Company richiede una stretta collaborazione con le autorità locali e le comunità. L'azienda lavora a stretto contatto con i residenti, le imprese locali e le autorità cittadine per garantire che i progetti siano progettati e realizzati in modo che rispondano alle esigenze della comunità. Questo approccio collaborativo non solo aumenta l'accettazione dei progetti, ma contribuisce anche a creare soluzioni di trasporto che migliorano la qualità della vita per tutti.

L'aspetto economico della costruzione dei tunnel è un'altra area in cui The Boring Company sta cercando di fare la differenza. Riducendo i costi di scavo e costruzione, l'azienda mira a rendere i progetti di tunnel più accessibili a un maggior numero di città e comunità. Questo potrebbe portare a una democratizzazione delle tecnologie di trasporto avanzato, permettendo anche alle città più piccole e meno abbienti di beneficiare delle infrastrutture di trasporto sotterraneo.

The Boring Company ha anche un impatto significativo sull'innovazione tecnologica nel settore delle costruzioni. L'azienda sta sviluppando nuove tecniche e tecnologie che possono essere applicate ad altri progetti di infrastrutture, migliorando l'efficienza e riducendo i costi in tutto il settore. Questo approccio può stimolare ulteriormente l'innovazione e la competitività, creando nuove opportunità di crescita economica e sviluppo.

Infine, The Boring Company si impegna a garantire che le infrastrutture di trasporto sotterraneo siano accessibili a tutti i cittadini, indipendentemente dal loro background economico o sociale. Questo include la progettazione di stazioni e veicoli accessibili per persone con disabilità, così come tariffe eque che rendano il sistema di trasporto accessibile a tutte le fasce della popolazione.

In definitiva, The Boring Company rappresenta una visione audace e innovativa per il futuro del trasporto urbano. Con un focus sulla riduzione dei costi, l'aumento dell'efficienza, la sostenibilità ambientale e l'inclusione sociale, l'azienda sta sviluppando soluzioni che potrebbero trasformare il modo in cui le città gestiscono il trasporto e le infrastrutture.

- Concludi il punto in modo molto dettagliato

The Boring Company, con la sua visione innovativa e il suo approccio pionieristico alla costruzione di infrastrutture sotterranee, si posiziona come un elemento chiave nella trasformazione del trasporto urbano e delle infrastrutture moderne. La sua missione di alleviare la congestione del traffico e migliorare la mobilità urbana attraverso tunnel sotterranei efficienti non solo promette di rivoluzionare il modo in cui ci muoviamo nelle città, ma apre anche nuove possibilità per lo sviluppo urbano sostenibile.

Uno dei principali punti di forza di The Boring Company è la riduzione dei costi e l'aumento dell'efficienza nella costruzione di tunnel. Attraverso l'uso di macchine perforatrici avanzate, tecnologie di automazione e materiali innovativi, l'azienda sta rendendo i tunnel sotterranei una soluzione praticabile e conveniente per le città di tutto il mondo. Questa riduzione dei costi permette a un numero maggiore di città, anche quelle con budget limitati, di considerare l'adozione di infrastrutture di trasporto sotterraneo.

La sostenibilità ambientale è un altro pilastro fondamentale della visione di The Boring Company. I tunnel sotterranei offrono una serie di vantaggi ambientali, tra cui la riduzione delle emissioni di gas serra, la diminuzione dell'inquinamento acustico e il miglioramento della qualità dell'aria nelle città. Utilizzando veicoli elettrici all'interno dei tunnel e integrando fonti di energia rinnovabile come l'energia solare e eolica, The Boring Company promuove un futuro più verde e sostenibile.

L'integrazione di tecnologie avanzate come l'intelligenza artificiale e i big data nella gestione dei tunnel migliora ulteriormente l'efficienza operativa e la sicurezza. I sistemi di gestione del traffico in tempo reale, la manutenzione predittiva e le soluzioni di illuminazione e ventilazione intelligenti garantiscono che i tunnel operino al massimo dell'efficienza e della sicurezza, offrendo un'esperienza di trasporto ottimale per i passeggeri.

La multifunzionalità dei tunnel di The Boring Company è un aspetto particolarmente innovativo. Oltre al trasporto di persone, i tunnel possono essere utilizzati per il trasporto merci, la posa di infrastrutture di servizi pubblici e la creazione di nuovi spazi commerciali e residenziali. Questa versatilità permette di massimizzare l'uso dello spazio sotterraneo e di creare un'infrastruttura urbana più efficiente e integrata.

La collaborazione con le autorità locali e le comunità è essenziale per il successo dei progetti di The Boring Company. L'azienda lavora a stretto contatto con i residenti e le autorità cittadine per garantire che i progetti siano progettati e realizzati in modo che rispondano alle esigenze della comunità. Questo approccio collaborativo non solo aumenta l'accettazione dei progetti, ma contribuisce anche a creare soluzioni di trasporto che migliorano la qualità della vita per tutti.

La sicurezza dei passeggeri è una priorità assoluta per The Boring Company. I tunnel sono dotati di sistemi avanzati di rilevamento e soppressione incendi, vie di evacuazione sicure e tecnologie di monitoraggio in tempo reale per garantire un ambiente sicuro e protetto. L'uso di veicoli autonomi riduce ulteriormente il rischio di incidenti, migliorando la sicurezza complessiva del sistema di trasporto.

L'aspetto economico della costruzione dei tunnel è un altro vantaggio significativo. La creazione di infrastrutture di trasporto sotterraneo può stimolare l'economia locale, creando posti di lavoro e attirando investimenti. Inoltre, l'aumento dell'efficienza del trasporto urbano riduce i costi associati ai ritardi e alla congestione, migliorando la produttività e la competitività delle città.

In termini di impatto sociale, The Boring Company si impegna a garantire che le infrastrutture di trasporto siano accessibili a tutti i cittadini. Questo include la progettazione di stazioni e veicoli accessibili per persone con disabilità e tariffe eque che rendano il sistema di trasporto accessibile a tutte le fasce della popolazione. L'inclusione sociale è un elemento chiave della visione dell'azienda, che mira a migliorare la mobilità urbana per tutti, indipendentemente dal loro background economico o sociale.

Il futuro di The Boring Company è promettente, con piani per espandere la rete di tunnel su scala globale. L'azienda sta già esplorando opportunità in diverse città e paesi, con l'obiettivo di creare una rete di trasporto sotterranea interconnessa che possa migliorare la mobilità urbana in tutto il mondo. La collaborazione con governi locali, aziende private e organizzazioni internazionali sarà cruciale per realizzare questa visione e superare le sfide logistiche e regolamentari.

In conclusione, The Boring Company rappresenta una visione audace e innovativa per il futuro del trasporto urbano. Con un focus sulla riduzione dei costi, l'aumento dell'efficienza, la sostenibilità ambientale e l'inclusione sociale, l'azienda sta sviluppando soluzioni che potrebbero trasformare il modo in cui le città gestiscono il trasporto e le infrastrutture. Sebbene ci siano molte sfide da affrontare, il potenziale impatto positivo sulla società e sull'ambiente rende questi progetti particolarmente promettenti e degni di attenzione. Con il continuo progresso tecnologico e la collaborazione globale, The Boring Company ha il potenziale di realizzare una nuova era di mobilità urbana, rendendo le città più vivibili, sostenibili ed efficienti.

11. Intelligenza Artificiale e OpenAI Il coinvolgimento di Musk nell'IA, le preoccupazioni etiche e il ruolo di OpenAI.

Intelligenza Artificiale e OpenAI

Elon Musk, noto per le sue visioni futuristiche e innovative, ha sempre avuto un forte interesse per l'intelligenza artificiale (IA) e il suo potenziale impatto sull'umanità. Musk è cofondatore di OpenAI, un'organizzazione dedicata alla ricerca sull'IA con l'obiettivo di garantire che questa tecnologia sia sviluppata in modo sicuro e benefico per tutta l'umanità. L'impegno di Musk in questo campo riflette sia l'entusiasmo per le opportunità offerte dall'IA sia le profonde preoccupazioni etiche e sociali riguardo ai suoi rischi.

Il Coinvolgimento di Musk nell'IA

Elon Musk ha cofondato OpenAI nel 2015 insieme a una serie di altri luminari del settore tecnologico, tra cui Sam Altman, Greg Brockman, Ilya Sutskever, John Schulman e Wojciech Zaremba. La missione di OpenAI è quella di assicurare che l'intelligenza artificiale generale (AGI) – una forma avanzata di IA che supera o eguaglia l'intelligenza umana – sia sviluppata in modo sicuro e che i suoi benefici siano equamente distribuiti. Musk ha investito significative risorse finanziarie e intellettuali in OpenAI, vedendo l'organizzazione come un baluardo contro i potenziali pericoli dell'IA non regolamentata.

Preoccupazioni Etiche e Rischi dell'IA

Le preoccupazioni di Musk riguardo all'IA sono ben documentate. Egli ha spesso avvertito che l'IA potrebbe rappresentare una minaccia esistenziale per l'umanità se non viene gestita con estrema cautela. Musk teme che, senza adeguate misure di sicurezza, l'IA potrebbe evolvere al di là del controllo umano, con conseguenze imprevedibili e potenzialmente catastrofiche. Queste preoccupazioni sono alla base del suo impegno per la ricerca sull'IA sicura e per la promozione di un quadro normativo robusto per la sua gestione.

Le principali preoccupazioni etiche riguardano la possibilità che l'IA venga utilizzata per scopi dannosi, come la sorveglianza di massa, la manipolazione delle informazioni e la guerra autonoma. Inoltre, esiste il rischio che l'IA possa esacerbare le disuguaglianze socio-economiche, concentrando il potere e la ricchezza nelle mani di pochi che controllano la tecnologia. Musk e OpenAI sostengono che è essenziale sviluppare l'IA in modo trasparente e con la partecipazione di un'ampia gamma di stakeholder per prevenire questi rischi.

Il Ruolo di OpenAI

OpenAI si distingue per il suo approccio trasparente e collaborativo alla ricerca sull'IA. L'organizzazione si impegna a pubblicare le sue scoperte e a condividere le sue tecnologie con il mondo per promuovere una cultura di apertura e cooperazione. Questo approccio mira a evitare che poche entità monopolizzino l'accesso alle tecnologie avanzate di IA, promuovendo invece un ecosistema di ricerca più inclusivo e democratico.

Uno dei contributi più significativi di OpenAI è lo sviluppo di modelli di linguaggio avanzati come GPT (Generative Pre-trained Transformer), tra cui GPT-3, che è stato ampiamente utilizzato in applicazioni di elaborazione del linguaggio naturale (NLP). Questi modelli hanno dimostrato capacità sorprendenti nella generazione di testo, nella traduzione automatica, nel riassunto di documenti e in molte altre applicazioni. Tuttavia, con queste capacità avanzate sono emerse anche nuove sfide etiche, come la potenziale diffusione di disinformazione e la creazione di contenuti ingannevoli.

OpenAI ha anche sviluppato strumenti e framework per facilitare la ricerca e l'implementazione dell'IA in modo sicuro. Questi strumenti includono librerie software open source, piattaforme di sviluppo e ambienti di simulazione che consentono ai ricercatori di sperimentare e testare nuovi algoritmi in modo controllato. OpenAI ha anche stabilito partnership con altre organizzazioni di ricerca, università e aziende tecnologiche per promuovere la condivisione delle conoscenze e lo sviluppo congiunto di soluzioni di IA.

Sicurezza e Regolamentazione dell'IA

Musk e OpenAI sono stati forti sostenitori della necessità di regolamentazioni globali per l'IA. Essi ritengono che un quadro normativo internazionale sia essenziale per garantire che lo sviluppo dell'IA avvenga in modo sicuro e responsabile. Le proposte di Musk includono la creazione di organismi di supervisione che possano monitorare le tecnologie emergenti e imporre standard di sicurezza rigorosi.

La sicurezza dell'IA comprende diversi aspetti, tra cui la robustezza degli algoritmi, la prevenzione degli abusi e la gestione delle interazioni tra umani e macchine. OpenAI ha dedicato risorse significative allo studio di questi problemi, sviluppando linee guida e best practice per l'implementazione sicura dell'IA. L'organizzazione ha anche condotto ricerche su come mitigare i bias nei modelli di IA e garantire che le tecnologie siano eque e inclusive.

Impatto Sociale e Benefici dell'IA

Nonostante le preoccupazioni, Musk riconosce anche i potenziali benefici dell'IA per l'umanità. L'IA ha il potenziale per rivoluzionare numerosi settori, dalla sanità all'educazione, dalla scienza alla sostenibilità ambientale. Ad esempio, l'IA può accelerare la scoperta di nuovi farmaci, migliorare le diagnosi mediche, ottimizzare i sistemi di energia rinnovabile e personalizzare l'istruzione su larga scala.

OpenAI lavora per massimizzare questi benefici, sviluppando applicazioni di IA che possano avere un impatto positivo sulla società. L'organizzazione si impegna a garantire che le sue tecnologie siano accessibili e utilizzabili per risolvere problemi globali urgenti. Questo approccio riflette la visione di Musk di un futuro in cui l'IA contribuisce a migliorare la qualità della vita per tutti, anziché servire solo gli interessi di pochi.

Ricerca Fondamentale e Innovazione

Un altro aspetto cruciale del lavoro di OpenAI è la ricerca fondamentale sull'IA. L'organizzazione investe in progetti a lungo termine che mirano a comprendere meglio i principi alla base dell'intelligenza artificiale e a sviluppare nuove tecnologie che possano spingere i confini del possibile. Questa ricerca include studi su architetture di rete neurale avanzate, tecniche di apprendimento per rinforzo e metodi per l'interazione uomo-macchina.

OpenAI è anche impegnata nell'educazione e nella formazione della prossima generazione di ricercatori e sviluppatori di IA. L'organizzazione offre borse di studio, programmi di stage e collaborazioni con istituti accademici per promuovere la diffusione delle conoscenze sull'IA e per formare professionisti che possano contribuire a uno sviluppo sicuro e responsabile della tecnologia.

Conclusione

Il coinvolgimento di Elon Musk nell'intelligenza artificiale e la sua cofondazione di OpenAI riflettono una visione complessa e bilanciata della tecnologia. Da un lato, Musk riconosce il potenziale rivoluzionario dell'IA e i numerosi benefici che può portare alla società. Dall'altro, egli è profondamente consapevole dei rischi e delle sfide etiche associate allo sviluppo incontrollato dell'IA. OpenAI, con il suo approccio trasparente e collaborativo, rappresenta uno sforzo concertato per garantire che l'IA sia sviluppata in modo sicuro, equo e benefico per tutta l'umanità.

Attraverso la ricerca, l'innovazione e l'impegno per la sicurezza e l'inclusione, Musk e OpenAI stanno cercando di plasmare un futuro in cui l'IA non solo potenzia le capacità umane, ma lo fa in un modo che è in armonia con i valori etici e il benessere collettivo. Con il continuo progresso tecnologico e la cooperazione globale, il lavoro di OpenAI rappresenta una pietra miliare verso un uso responsabile e illuminato dell'intelligenza artificiale.

Il coinvolgimento di Elon Musk nell'intelligenza artificiale e nella fondazione di OpenAI è radicato in una preoccupazione profonda per il potenziale impatto dell'IA sulla società. Musk ha spesso sottolineato che l'IA rappresenta una delle più grandi sfide e opportunità della nostra epoca. La sua visione per OpenAI è quella di creare una piattaforma di ricerca che possa esplorare i confini della tecnologia AI in modo responsabile, assicurando che i suoi benefici siano equamente distribuiti e che i rischi siano gestiti con attenzione.

Una delle principali innovazioni portate avanti da OpenAI è lo sviluppo di modelli di linguaggio avanzati, come GPT-3. Questi modelli hanno dimostrato capacità impressionanti nella comprensione e generazione del linguaggio naturale, permettendo applicazioni che spaziano dalla scrittura automatica alla traduzione istantanea, dall'assistenza virtuale alla creazione di contenuti creativi. La versatilità di questi modelli ha attirato l'attenzione di sviluppatori e aziende di tutto il mondo, aprendo nuove possibilità per l'automazione e l'efficienza in diversi settori.

Tuttavia, con queste capacità avanzate emergono anche nuove sfide etiche. La capacità di GPT-3 di generare testo coerente e convincente può essere utilizzata sia per scopi benefici che malintenzionati. Ad esempio, la creazione automatica di articoli di notizie può accelerare la diffusione delle informazioni, ma può anche essere sfruttata per diffondere disinformazione e propaganda. Questo dualismo sottolinea l'importanza di sviluppare e implementare salvaguardie robuste per garantire che le tecnologie AI siano utilizzate in modo etico e responsabile.

Un altro aspetto cruciale del lavoro di OpenAI è la ricerca sulla sicurezza dell'IA. L'organizzazione dedica risorse significative allo studio di come costruire sistemi di IA che siano sicuri e affidabili. Questo include lo sviluppo di algoritmi che possano operare in modo prevedibile e controllabile, anche in situazioni complesse e imprevedibili. OpenAI esplora anche metodi per rendere i sistemi di IA trasparenti e spiegabili, in modo che gli utenti possano comprendere e fidarsi delle decisioni prese dalle macchine.

La collaborazione internazionale è un elemento chiave nella strategia di OpenAI. L'organizzazione lavora con istituzioni accademiche, governi e altre aziende tecnologiche per promuovere la ricerca sull'IA e sviluppare standard globali per la sicurezza e l'etica dell'IA. Questa cooperazione è essenziale per affrontare le sfide globali poste dall'IA e per garantire che i benefici della tecnologia siano equamente distribuiti tra le diverse popolazioni e regioni del mondo.

Un altro campo di interesse per OpenAI è l'integrazione dell'IA nelle applicazioni del mondo reale. L'organizzazione esplora come l'IA può essere utilizzata per migliorare i processi industriali, ottimizzare le catene di approvvigionamento, personalizzare i servizi sanitari e potenziare l'istruzione. Ad esempio, l'IA può essere utilizzata per analizzare grandi quantità di dati medici e aiutare i medici a diagnosticare malattie in modo più preciso e rapido. Nelle scuole, gli strumenti di apprendimento basati sull'IA possono personalizzare l'insegnamento per soddisfare le esigenze individuali degli studenti, migliorando i risultati educativi.

Le preoccupazioni etiche relative all'IA non si limitano solo alla sicurezza e all'affidabilità dei sistemi. Musk e OpenAI sono anche preoccupati per l'impatto sociale ed economico dell'automazione alimentata dall'IA. Man mano che le macchine diventano più capaci di svolgere compiti complessi, c'è il rischio che molti lavori possano essere automatizzati, portando a disoccupazione e disuguaglianze economiche. Per affrontare queste preoccupazioni, OpenAI promuove la ricerca su politiche e strategie che possano aiutare le società a gestire la transizione verso un'economia più automatizzata, assicurando che i lavoratori possano riqualificarsi e trovare nuove opportunità.

Una delle iniziative più interessanti di OpenAI è il concetto di "IA cooperativa", in cui le macchine sono progettate per lavorare insieme agli esseri umani in modo armonioso e complementare. Questo approccio mira a creare sistemi di IA che possano amplificare le capacità umane, piuttosto che sostituirle. Ad esempio, in campo medico, l'IA può aiutare i medici a analizzare immagini radiologiche, identificare anomalie e proporre diagnosi, lasciando al medico la decisione finale e il contatto umano con il paziente.

La questione della trasparenza è particolarmente rilevante quando si tratta di decisioni prese dall'IA che hanno un impatto significativo sulla vita delle persone. OpenAI lavora per sviluppare sistemi che siano trasparenti e spiegabili, in modo che gli utenti possano comprendere le ragioni dietro le decisioni prese dalle macchine. Questo è particolarmente importante in settori come la giustizia, la finanza e la sanità, dove le decisioni errate o incomprensibili possono avere conseguenze gravi.

Un altro aspetto critico è la gestione dei bias nei sistemi di IA. OpenAI è impegnata a sviluppare metodi per identificare e mitigare i bias nei modelli di IA, garantendo che le tecnologie siano eque e non discriminatorie. Questo include la ricerca su come i dati di addestramento influenzano i modelli e lo sviluppo di tecniche per correggere i bias presenti nei dati. L'obiettivo è creare sistemi di IA che siano inclusivi e che rispettino i diritti e la dignità di tutte le persone.

OpenAI si impegna anche nella formazione e nell'educazione della prossima generazione di ricercatori e sviluppatori di IA. L'organizzazione offre borse di studio, programmi di stage e collaborazioni con istituti accademici per promuovere la diffusione delle conoscenze sull'IA e per formare professionisti che possano contribuire a uno sviluppo sicuro e responsabile della tecnologia. Questa iniziativa mira a creare una comunità globale di esperti che condividono l'impegno per un'IA sicura e benefica.

L'approccio di OpenAI alla ricerca sull'IA si basa su principi di apertura e collaborazione. L'organizzazione pubblica regolarmente i risultati delle sue ricerche e condivide le sue tecnologie con la comunità globale. Questo approccio trasparente mira a evitare che poche entità monopolizzino l'accesso alle tecnologie avanzate di IA, promuovendo invece un ecosistema di ricerca più inclusivo e democratico.

L'impatto di OpenAI si estende anche alle politiche pubbliche. L'organizzazione collabora con i governi e le organizzazioni internazionali per sviluppare regolamentazioni e linee guida per l'uso sicuro ed etico dell'IA. Questo include la partecipazione a forum globali e la consulenza su politiche che possano promuovere lo sviluppo responsabile dell'IA e prevenire gli abusi. OpenAI cerca di influenzare le politiche pubbliche per garantire che la tecnologia sia utilizzata per il bene comune e che i rischi siano gestiti in modo appropriato.

Infine, la visione a lungo termine di OpenAI include la ricerca sulla creazione di un'intelligenza artificiale generale (AGI) che possa svolgere compiti complessi con un livello di competenza pari o superiore a quello umano. Questa ricerca è ancora in una fase iniziale, ma OpenAI è impegnata a garantire che qualsiasi progresso verso l'AGI sia accompagnato da rigorose misure di sicurezza e da un ampio dibattito etico. L'obiettivo è creare un'AGI che possa contribuire positivamente alla società, risolvendo problemi globali complessi e migliorando la qualità della vita per tutte le persone.

In sintesi, il coinvolgimento di Elon Musk nell'intelligenza artificiale e nella fondazione di OpenAI rappresenta un impegno significativo per garantire che l'IA sia sviluppata in modo sicuro, etico e benefico per tutta l'umanità. OpenAI, con il suo approccio trasparente e collaborativo, lavora per massimizzare i benefici dell'IA e minimizzare i rischi, promuovendo un futuro in cui la tecnologia possa migliorare la vita delle persone in modo equo e sostenibile. Con la continua innovazione e la cooperazione globale, il lavoro di OpenAI rappresenta una pietra miliare verso un uso responsabile e illuminato dell'intelligenza artificiale.

L'approccio di OpenAI alla ricerca e allo sviluppo dell'intelligenza artificiale si basa su una filosofia di apertura e accessibilità. Fin dall'inizio, l'organizzazione ha cercato di garantire che le sue scoperte e i suoi strumenti siano disponibili per il pubblico. Questa trasparenza è cruciale per promuovere un ambiente di ricerca collaborativo e per evitare che la tecnologia dell'IA diventi proprietà esclusiva di poche grandi aziende o governi. OpenAI pubblica regolarmente i suoi risultati di ricerca e rende disponibili molti dei suoi modelli e algoritmi tramite piattaforme open source, consentendo a ricercatori e sviluppatori di tutto il mondo di contribuire e beneficiare dei progressi compiuti.

Uno degli esempi più noti di questo approccio è l'accesso pubblico ai modelli di linguaggio GPT-2 e GPT-3. Questi modelli, che sono in grado di generare testo coerente e sofisticato, sono stati rilasciati con la consapevolezza dei potenziali rischi e benefici. OpenAI ha implementato un rilascio graduale di GPT-2 per valutare l'impatto e mitigare i rischi di abuso, come la generazione automatica di disinformazione. Questo metodo prudente ha permesso all'organizzazione di comprendere meglio le implicazioni etiche e sociali della tecnologia, adattando le sue strategie di rilascio in base ai feedback ricevuti.

Oltre alla pubblicazione dei modelli, OpenAI ha investito nella creazione di ambienti di simulazione e strumenti di sviluppo che facilitano la sperimentazione e l'addestramento di algoritmi di IA. OpenAI Gym, ad esempio, è una piattaforma di simulazione che permette ai ricercatori di testare e affinare algoritmi di apprendimento per rinforzo in ambienti controllati. Questi strumenti sono essenziali per accelerare la ricerca sull'IA e per consentire a una vasta gamma di utenti, dai principianti ai professionisti esperti, di partecipare allo sviluppo della tecnologia.

L'attenzione di OpenAI alla sicurezza e all'etica si estende anche alla collaborazione con altre organizzazioni e istituzioni. L'organizzazione ha stabilito partnership con università, enti governativi e aziende private per promuovere standard di sicurezza e pratiche etiche nell'uso dell'IA. Queste collaborazioni sono fondamentali per affrontare le sfide globali poste dall'intelligenza artificiale e per sviluppare un consenso internazionale sulle migliori pratiche. OpenAI partecipa attivamente a conferenze e forum globali sull'IA, contribuendo al dibattito sulle politiche e influenzando la direzione futura della ricerca e dello sviluppo tecnologico.

Un altro aspetto importante del lavoro di OpenAI è la ricerca sulla robustezza e l'affidabilità dei sistemi di IA. L'organizzazione esplora metodi per garantire che gli algoritmi di IA possano funzionare in modo sicuro e prevedibile anche in condizioni difficili o sconosciute. Questo include lo studio di tecniche per rendere i modelli di IA resistenti agli attacchi e alle manipolazioni, un campo di ricerca noto come IA sicura. Garantire che i sistemi di IA possano resistere a tentativi di compromissione è essenziale per proteggere gli utenti e mantenere la fiducia nella tecnologia.

OpenAI è anche profondamente coinvolta nella ricerca sui bias algoritmici e sull'equità. Gli algoritmi di IA, se addestrati su dati contenenti pregiudizi, possono perpetuare e amplificare questi bias, portando a risultati ingiusti o discriminatori. L'organizzazione lavora per sviluppare metodi di addestramento e valutazione che minimizzino i bias e garantiscano che i modelli siano equi e inclusivi. Questo impegno per l'equità è particolarmente importante in applicazioni sensibili come l'istruzione, l'assistenza sanitaria e la giustizia penale, dove le decisioni prese dall'IA possono avere un impatto significativo sulla vita delle persone.

La formazione e l'educazione sono componenti chiave della missione di OpenAI. L'organizzazione offre programmi di formazione, borse di studio e opportunità di collaborazione per i ricercatori emergenti nel campo dell'IA. Questi programmi mirano a costruire una comunità globale di esperti di IA che condividano l'impegno per lo sviluppo sicuro e responsabile della tecnologia. OpenAI collabora con istituzioni accademiche per sviluppare curricula e risorse educative che preparino gli studenti a affrontare le sfide complesse poste dall'intelligenza artificiale.

Il coinvolgimento di Elon Musk in OpenAI riflette una visione più ampia della tecnologia come strumento per il progresso umano, ma anche come una fonte di rischio che deve essere gestita con cautela. Musk ha spesso paragonato l'IA a "evocare il demone", sottolineando che senza adeguate misure di sicurezza, l'IA potrebbe sfuggire al controllo umano. Questo punto di vista ha spinto OpenAI a investire pesantemente nella ricerca sulla sicurezza dell'IA e nello sviluppo di protocolli per garantire che le tecnologie emergenti siano utilizzate in modo sicuro e benefico.

Oltre a promuovere la sicurezza e l'etica, Musk e OpenAI vedono l'IA come un mezzo per affrontare alcune delle sfide più urgenti del mondo. L'IA ha il potenziale per contribuire alla lotta contro il cambiamento climatico, migliorare la salute globale e promuovere lo sviluppo economico sostenibile. OpenAI sta esplorando come i modelli di IA possono essere utilizzati per ottimizzare l'uso delle risorse, migliorare l'efficienza energetica e sviluppare nuove tecnologie per la gestione ambientale. Questo allineamento con obiettivi di sostenibilità globale riflette una visione integrata in cui l'IA non è solo una tecnologia avanzata, ma uno strumento cruciale per il benessere planetario.

La ricerca di OpenAI si estende anche all'interazione uomo-macchina, un campo che esplora come le persone possono collaborare efficacemente con i sistemi di IA. Questo include lo sviluppo di interfacce intuitive e user-friendly che permettano agli utenti di interagire con l'IA in modo naturale e sicuro. La ricerca su come le macchine possono comprendere e rispondere ai comandi umani, interpretare le emozioni e fornire feedback utili è fondamentale per creare tecnologie che migliorino veramente la vita delle persone.

Un'altra area di interesse è l'apprendimento per rinforzo, una tecnica in cui i modelli di IA imparano a prendere decisioni attraverso l'interazione con l'ambiente. Questo approccio è particolarmente promettente per lo sviluppo di robot autonomi e sistemi di controllo avanzati che possono adattarsi dinamicamente a situazioni complesse. OpenAI ha sviluppato numerosi algoritmi e framework per l'apprendimento per rinforzo, dimostrando il potenziale di questa tecnica in applicazioni reali come la robotica, i giochi e la gestione autonoma dei sistemi industriali.

La missione di OpenAI di sviluppare un'intelligenza artificiale generale (AGI) è uno degli obiettivi più ambiziosi e a lungo termine dell'organizzazione. L'AGI rappresenta un livello di intelligenza artificiale che è in grado di comprendere, apprendere e applicare conoscenze in modo simile o superiore agli esseri umani. Raggiungere questo obiettivo richiede progressi significativi nella comprensione dei meccanismi della cognizione e dello sviluppo di algoritmi che possono generalizzare attraverso domini diversi. OpenAI è impegnata a garantire che lo sviluppo dell'AGI avvenga in modo sicuro e che i benefici di questa tecnologia rivoluzionaria siano accessibili a tutti.

In sintesi, il coinvolgimento di Elon Musk nell'intelligenza artificiale e la fondazione di OpenAI rappresentano un impegno profondo e strategico per guidare lo sviluppo dell'IA in una direzione che sia sicura, etica e benefica per l'umanità. OpenAI, con la sua filosofia di apertura, collaborazione e responsabilità, lavora incessantemente per massimizzare i benefici dell'IA e mitigare i rischi, promuovendo un futuro in cui la tecnologia possa contribuire positivamente al benessere globale. Con il continuo progresso tecnologico e l'impegno per la sicurezza e l'equità, il lavoro di OpenAI rappresenta un passo cruciale verso un utilizzo illuminato e responsabile dell'intelligenza artificiale.

Il coinvolgimento di Elon Musk nell'intelligenza artificiale e nella fondazione di OpenAI ha anche portato a una maggiore consapevolezza e dibattito pubblico sulle implicazioni dell'IA. Musk è noto per utilizzare la sua piattaforma e la sua visibilità per discutere apertamente delle potenziali minacce dell'IA, avvertendo che, se non regolamentata e gestita correttamente, potrebbe rappresentare una minaccia esistenziale per l'umanità. Questa postura ha contribuito a sensibilizzare l'opinione pubblica e i decisori politici sulla necessità di un approccio cauto e responsabile nello sviluppo dell'IA.

OpenAI ha risposto a queste preoccupazioni con un impegno a lungo termine per la sicurezza e l'etica. Un esempio concreto di questo impegno è lo sviluppo di protocolli di sicurezza avanzati per l'addestramento e l'implementazione dei modelli di IA. Questi protocolli includono tecniche come il monitoraggio continuo delle prestazioni dei modelli, l'implementazione di misure per prevenire comportamenti indesiderati e la creazione di sistemi di feedback che permettono agli utenti di segnalare anomalie o problemi.

Un altro aspetto rilevante del lavoro di OpenAI riguarda l'interpretabilità dei modelli di IA. La trasparenza è cruciale per costruire fiducia nei sistemi di intelligenza artificiale, soprattutto quando questi vengono utilizzati in contesti critici come la sanità, la finanza e la giustizia. OpenAI ha sviluppato e continua a perfezionare tecniche per rendere i modelli di IA più comprensibili per gli esseri umani, permettendo agli utenti di vedere come e perché le decisioni vengono prese. Questo non solo aiuta a identificare e correggere errori o bias, ma facilita anche l'accettazione e l'integrazione dell'IA in applicazioni pratiche.

La collaborazione è un pilastro fondamentale per OpenAI. L'organizzazione ha stabilito partnership strategiche con università, istituti di ricerca, aziende tecnologiche e organizzazioni governative per promuovere la ricerca e lo sviluppo dell'IA in modo sicuro e benefico. Queste collaborazioni permettono di unire risorse, competenze e conoscenze, accelerando il progresso scientifico e tecnologico. Ad esempio, le collaborazioni con università di prestigio hanno portato a importanti avanzamenti nella teoria e nell'applicazione dell'apprendimento automatico.

Oltre alla ricerca tecnica, OpenAI è attivamente coinvolta nel dialogo politico e normativo riguardante l'IA. L'organizzazione lavora con legislatori e organismi di regolamentazione per sviluppare politiche che garantiscano un uso sicuro e etico dell'intelligenza artificiale. Questo include la partecipazione a commissioni consultive, la redazione di linee guida e la promozione di standard internazionali per la sicurezza e l'etica dell'IA. L'obiettivo è creare un quadro normativo che bilanci l'innovazione con la protezione dei diritti umani e la sicurezza pubblica.

L'integrazione dell'IA in settori come la sanità ha un potenziale trasformativo enorme. OpenAI sta esplorando come l'IA può migliorare le diagnosi mediche, personalizzare i trattamenti e gestire grandi quantità di dati clinici. Ad esempio, i modelli di IA possono analizzare immagini mediche come radiografie e risonanze magnetiche con una precisione paragonabile a quella dei medici specialisti, identificando anomalie che potrebbero sfuggire all'occhio umano. Inoltre, l'IA può aiutare a prevedere l'andamento delle malattie e a sviluppare piani di trattamento personalizzati basati sulle caratteristiche specifiche di ciascun paziente.

In campo educativo, OpenAI sta lavorando su tecnologie che possono personalizzare l'apprendimento per ogni studente. Utilizzando l'IA, è possibile creare programmi di studio adattivi che si adattano al ritmo e allo stile di apprendimento individuale, migliorando così i risultati educativi. Questo approccio può aiutare a colmare le lacune educative, offrendo risorse e supporto personalizzati a studenti che potrebbero non ricevere l'attenzione necessaria nei contesti educativi tradizionali.

OpenAI sta anche esplorando l'uso dell'IA per la sostenibilità ambientale. I modelli di IA possono essere utilizzati per monitorare e gestire le risorse naturali, ottimizzare l'uso dell'energia e sviluppare nuove tecnologie per la gestione dei rifiuti e il riciclaggio. Ad esempio, l'IA può analizzare dati satellitari per monitorare la deforestazione e l'uso del suolo, aiutando i governi e le organizzazioni a prendere decisioni informate sulla conservazione dell'ambiente.

Il campo della robotica è un altro settore in cui OpenAI sta facendo progressi significativi. Utilizzando tecniche di apprendimento per rinforzo, i ricercatori stanno sviluppando robot che possono apprendere nuove abilità attraverso l'interazione con l'ambiente. Questi robot possono essere utilizzati in una varietà di applicazioni, dalla produzione industriale all'assistenza domestica, migliorando l'efficienza e la sicurezza delle operazioni. La capacità dei robot di adattarsi e apprendere autonomamente rappresenta un passo importante verso l'integrazione dell'IA nella vita quotidiana.

Un aspetto fondamentale del lavoro di OpenAI è l'attenzione alla diversità e all'inclusione nella ricerca e nello sviluppo dell'IA. L'organizzazione riconosce che per sviluppare tecnologie che siano veramente inclusive e benefiche per tutti, è essenziale avere una forza lavoro diversificata. OpenAI promuove attivamente la diversità nelle sue assunzioni e nelle sue collaborazioni, assicurando che una vasta gamma di prospettive e esperienze sia rappresentata nel processo di sviluppo.

La partecipazione della comunità è un altro elemento chiave della strategia di OpenAI. L'organizzazione incoraggia il coinvolgimento del pubblico e delle comunità locali nelle sue iniziative, promuovendo la trasparenza e l'apertura. Questo approccio aiuta a costruire fiducia e a garantire che le tecnologie sviluppate rispondano alle esigenze e ai valori delle persone che le utilizzeranno. OpenAI organizza workshop, conferenze e eventi di divulgazione per educare il pubblico sull'intelligenza artificiale e per raccogliere feedback sulle sue attività.

L'impegno per la responsabilità sociale si riflette anche nelle pratiche di sviluppo sostenibile adottate da OpenAI. L'organizzazione lavora per ridurre la sua impronta ecologica, implementando pratiche di sostenibilità nelle sue operazioni quotidiane e promuovendo l'uso responsabile delle risorse. Questo include l'adozione di tecnologie energetiche rinnovabili e l'implementazione di politiche di riduzione dei rifiuti.

La ricerca fondamentale rimane al centro delle attività di OpenAI. L'organizzazione investe in progetti a lungo termine che mirano a comprendere i principi alla base dell'intelligenza e a sviluppare nuovi modelli e algoritmi che possano avanzare lo stato dell'arte. Questo impegno per la ricerca di base è essenziale per affrontare le sfide complesse poste dall'intelligenza artificiale e per garantire che i progressi tecnologici siano solidamente ancorati a una comprensione profonda e rigorosa.

Infine, la visione di OpenAI per il futuro dell'intelligenza artificiale è caratterizzata da un impegno costante per la collaborazione e l'innovazione responsabile. L'organizzazione continua a esplorare nuovi territori, sviluppando tecnologie che hanno il potenziale di trasformare la società in modi positivi e significativi. Con un approccio centrato sulla sicurezza, l'etica e il beneficio collettivo, OpenAI lavora per garantire che l'IA sia una forza per il bene, capace di affrontare le sfide globali e di migliorare la vita delle persone in tutto il mondo.

Questo continuo impegno per la sicurezza e l'etica, combinato con una visione ambiziosa per il futuro, fa di OpenAI un attore cruciale nella definizione del modo in cui l'intelligenza artificiale sarà sviluppata e utilizzata nei prossimi decenni. La leadership di Elon Musk e il lavoro di OpenAI rappresentano una testimonianza dell'importanza di guidare l'innovazione tecnologica con responsabilità e visione, assicurando che l'IA possa realizzare il suo pieno potenziale in modo che sia sicuro, equo e benefico per tutti.

L'influenza di Elon Musk e OpenAI nel campo dell'intelligenza artificiale si estende anche alla formazione e alla sensibilizzazione delle generazioni future. OpenAI si impegna attivamente a promuovere l'alfabetizzazione digitale e a educare il pubblico sui fondamenti e le implicazioni dell'IA. Questo impegno si traduce in iniziative educative che vanno dai corsi online gratuiti a workshop e seminari, destinati a studenti, professionisti e appassionati di tecnologia. L'obiettivo è rendere l'IA accessibile a tutti e preparare una forza lavoro competente in grado di affrontare le sfide future legate alla tecnologia.

Un esempio di queste iniziative è il programma di borse di studio di OpenAI, che offre supporto finanziario e risorse ai ricercatori emergenti nel campo dell'intelligenza artificiale. Questi programmi non solo incentivano la ricerca innovativa, ma aiutano anche a creare una comunità diversificata e inclusiva di esperti di IA. La diversità è vista come un elemento cruciale per sviluppare soluzioni di IA che siano equitative e benefiche per una vasta gamma di utenti. Attraverso collaborazioni con istituzioni accademiche e organizzazioni di tutto il mondo, OpenAI cerca di democratizzare l'accesso alla conoscenza e alle opportunità di ricerca.

L'impegno di OpenAI nella promozione di una comunità globale di ricerca si manifesta anche attraverso la partecipazione attiva a conferenze e simposi internazionali. Questi eventi forniscono piattaforme cruciali per lo scambio di idee, la condivisione di risultati di ricerca e la creazione di reti di collaborazione. OpenAI presenta regolarmente i suoi progressi e le sue scoperte in queste sedi, contribuendo a plasmare il dibattito globale sull'IA e influenzando la direzione della ricerca futura. La partecipazione a queste conferenze permette anche di raccogliere feedback preziosi e di mantenere un dialogo aperto con altri ricercatori e stakeholder del settore.

Un aspetto interessante del lavoro di OpenAI è l'attenzione alla sostenibilità a lungo termine dell'intelligenza artificiale. Questo non riguarda solo la sicurezza e l'affidabilità dei sistemi di IA, ma anche l'impatto ambientale delle infrastrutture necessarie per addestrare e implementare modelli complessi. L'addestramento di modelli di IA su larga scala richiede una quantità significativa di risorse computazionali ed energetiche. OpenAI è consapevole di queste sfide e sta lavorando per sviluppare tecnologie e metodologie che riducano l'impronta ecologica dell'IA, come l'ottimizzazione dell'efficienza energetica dei data center e l'uso di energie rinnovabili.

Inoltre, OpenAI sta esplorando l'intersezione tra intelligenza artificiale e altre tecnologie emergenti, come l'internet delle cose (IoT) e la blockchain. L'integrazione di queste tecnologie può aprire nuove possibilità per applicazioni di IA che siano più sicure, trasparenti e decentralizzate. Ad esempio, l'uso della blockchain può migliorare la trasparenza e la tracciabilità dei dati utilizzati per addestrare modelli di IA, garantendo che i processi siano conformi a standard etici e normativi. L'internet delle cose, d'altro canto, può beneficiare dell'IA per creare reti intelligenti che ottimizzano l'uso delle risorse e migliorano l'efficienza operativa in settori come l'energia, la sanità e la logistica.

Il coinvolgimento di OpenAI nelle politiche pubbliche e nella governance dell'IA è un altro aspetto cruciale del suo lavoro. L'organizzazione collabora con governi e organismi internazionali per sviluppare linee guida e normative che promuovano un uso responsabile dell'IA. Questo include la partecipazione a tavole rotonde, la consulenza su progetti di legge e la collaborazione con agenzie di regolamentazione per definire standard di sicurezza e trasparenza. OpenAI si impegna a garantire che le politiche pubbliche riflettano una comprensione approfondita delle potenzialità e dei rischi dell'IA, promuovendo al contempo l'innovazione e la competitività.

Un altro ambito di ricerca di OpenAI riguarda l'etica dell'automazione e l'impatto socioeconomico dell'IA. L'automazione, se non gestita correttamente, potrebbe portare a disuguaglianze economiche e sociali, con la perdita di posti di lavoro in vari settori. OpenAI lavora per sviluppare strategie che aiutino a mitigare questi impatti negativi, come la promozione della riqualificazione professionale e l'adozione di politiche di reddito universale. Queste misure possono aiutare a garantire che i benefici dell'IA siano distribuiti in modo equo e che tutte le persone possano adattarsi e prosperare in un'economia sempre più automatizzata.

L'approccio di OpenAI alla ricerca sull'IA comprende anche studi approfonditi sulla cognizione umana e sulla psicologia. Comprendere come funziona il cervello umano e come gli esseri umani apprendono e prendono decisioni può informare lo sviluppo di algoritmi di IA più efficaci e intuitivi. Questo campo di ricerca interdisciplinare può portare a innovazioni che migliorano l'interazione uomo-macchina, rendendo i sistemi di IA più naturali e facili da usare. La ricerca sulla cognizione umana può anche contribuire a sviluppare IA che siano più empatiche e in grado di rispondere meglio alle esigenze e ai sentimenti degli utenti.

Un aspetto affascinante della visione di Elon Musk per l'intelligenza artificiale è il suo interesse per l'esplorazione spaziale e come l'IA può giocare un ruolo in questo ambito. SpaceX, un'altra delle sue aziende, sta già utilizzando l'IA per migliorare le operazioni di volo e la navigazione dei razzi. In futuro, l'IA potrebbe svolgere un ruolo cruciale nelle missioni spaziali a lungo termine, supportando l'autonomia delle navicelle, l'analisi dei dati raccolti in missione e persino la gestione delle colonie umane su altri pianeti. L'integrazione dell'IA con la robotica e le tecnologie spaziali potrebbe aprire nuove frontiere nell'esplorazione e nella colonizzazione dello spazio.

L'impegno di OpenAI per l'innovazione responsabile si riflette anche nelle sue iniziative per la protezione della privacy. La raccolta e l'analisi di grandi quantità di dati sono fondamentali per l'addestramento dei modelli di IA, ma questo solleva preoccupazioni significative riguardo alla privacy e alla sicurezza dei dati. OpenAI lavora per sviluppare tecnologie che proteggano i dati degli utenti, implementando misure di sicurezza avanzate e promuovendo la trasparenza su come i dati vengono raccolti e utilizzati. La ricerca su tecniche di apprendimento federato e crittografia omomorfica mira a garantire che l'IA possa essere sviluppata senza compromettere la privacy degli individui.

La visione di Musk e OpenAI per l'intelligenza artificiale va oltre il semplice sviluppo tecnologico; si tratta di creare un futuro in cui l'IA lavori al servizio dell'umanità, migliorando la qualità della vita e risolvendo problemi globali complessi. Questo impegno per un uso etico e benefico della tecnologia è ciò che distingue OpenAI in un panorama di ricerca e sviluppo in rapida evoluzione. Con il continuo avanzamento delle tecnologie di IA e la crescita delle loro applicazioni, l'approccio di OpenAI serve da modello per come l'innovazione può essere guidata da valori di responsabilità, equità e sostenibilità.

- Concludi il punto in modo molto dettagliato

Il coinvolgimento di Elon Musk nell'intelligenza artificiale e la fondazione di OpenAI rappresentano un punto di svolta significativo nella storia dello sviluppo tecnologico. Con una missione chiaramente definita e una strategia che enfatizza la sicurezza, l'etica e la collaborazione globale, OpenAI è diventata una delle organizzazioni leader nel campo dell'IA, influenzando non solo la ricerca scientifica ma anche le politiche pubbliche e la percezione sociale della tecnologia.

L'approccio di Musk e OpenAI alla gestione dei rischi dell'IA è stato fondamentale per sensibilizzare l'opinione pubblica e i decisori politici sull'importanza di sviluppare l'intelligenza artificiale in modo responsabile. Le loro iniziative hanno contribuito a creare un dialogo globale sulle implicazioni etiche e sociali dell'IA, promuovendo la necessità di regolamentazioni che proteggano gli interessi collettivi e garantiscano un uso equo della tecnologia. OpenAI ha dimostrato che è possibile perseguire l'innovazione tecnologica senza compromettere i valori di sicurezza e giustizia.

L'impegno di OpenAI per la trasparenza e l'accessibilità ha reso possibile la democratizzazione delle conoscenze e delle risorse legate all'IA. Attraverso la pubblicazione di modelli e algoritmi open source, l'organizzazione ha reso disponibile una vasta gamma di strumenti avanzati a ricercatori, sviluppatori e aziende di tutto il mondo. Questo approccio ha accelerato il progresso tecnologico e ha favorito la creazione di un ecosistema di innovazione inclusivo e diversificato.

La ricerca di OpenAI sulla sicurezza dell'IA ha prodotto importanti avanzamenti nella comprensione e nella gestione dei rischi associati ai sistemi di intelligenza artificiale. Le tecniche sviluppate per rendere i modelli di IA più robusti, interpretabili e resistenti agli attacchi sono state cruciali per migliorare la fiducia nei sistemi automatizzati. Inoltre, gli sforzi per affrontare i bias algoritmici e promuovere l'equità nei modelli di IA hanno contribuito a garantire che le tecnologie sviluppate siano inclusive e rispettose dei diritti di tutte le persone.

L'integrazione di OpenAI con altre tecnologie emergenti, come l'internet delle cose (IoT) e la blockchain, ha aperto nuove possibilità per applicazioni di IA più sicure, trasparenti e decentralizzate. Queste innovazioni hanno il potenziale di trasformare una vasta gamma di settori, dalla sanità all'energia, migliorando l'efficienza e promuovendo la sostenibilità ambientale. Le soluzioni sviluppate da OpenAI possono aiutare a ottimizzare l'uso delle risorse, ridurre le emissioni di carbonio e promuovere un futuro più verde.

La visione di Elon Musk per l'intelligenza artificiale, che comprende anche la sua applicazione nell'esplorazione spaziale, dimostra l'ampiezza delle possibilità offerte da questa tecnologia. L'IA può giocare un ruolo cruciale nelle missioni spaziali, supportando l'autonomia delle navicelle, l'analisi dei dati e la gestione delle colonie umane su altri pianeti. Questa sinergia tra intelligenza artificiale e esplorazione spaziale potrebbe aprire nuove frontiere nella scoperta scientifica e nell'espansione dell'umanità nello spazio.

Inoltre, l'attenzione di OpenAI alla privacy e alla protezione dei dati riflette un impegno profondo per la responsabilità sociale. La ricerca su tecniche di apprendimento federato e crittografia omomorfica è essenziale per garantire che l'IA possa essere sviluppata in modo da proteggere la privacy degli utenti. Questi sforzi sono fondamentali per costruire fiducia e assicurare che le tecnologie di IA siano utilizzate in modo che rispettino i diritti individuali e collettivi.

La leadership di Elon Musk e il lavoro di OpenAI hanno stabilito un modello per l'innovazione tecnologica responsabile. La loro combinazione di audacia visionaria e rigore etico offre una guida preziosa per il futuro sviluppo dell'intelligenza artificiale. Attraverso la continua ricerca, la collaborazione globale e l'impegno per la sicurezza e l'equità, OpenAI sta contribuendo a creare un futuro in cui l'IA non solo migliora la qualità della vita, ma lo fa in modo che sia sicuro, equo e sostenibile per tutti.

In conclusione, il coinvolgimento di Elon Musk nell'intelligenza artificiale e la fondazione di OpenAI rappresentano una pietra miliare nella storia della tecnologia moderna. Con un approccio centrato sulla sicurezza, l'etica e la trasparenza, OpenAI ha dimostrato che è possibile sviluppare tecnologie avanzate in modo che siano benefiche per l'umanità nel suo complesso. Il loro lavoro continua a influenzare positivamente il panorama globale dell'IA, offrendo soluzioni innovative e affrontando le sfide più critiche del nostro tempo. Con un impegno costante per l'innovazione responsabile, OpenAI e Elon Musk stanno plasmando un futuro in cui l'intelligenza artificiale può realizzare il suo pieno potenziale in armonia con i valori umani.

12. Progetti Filantropici Le attività filantropiche di Musk, inclusi i contributi alla ricerca e all'educazione.

Progetti Filantropici

Elon Musk è noto non solo per le sue innovazioni tecnologiche, ma anche per il suo impegno filantropico. Attraverso le sue donazioni e le sue iniziative, Musk ha contribuito significativamente alla ricerca scientifica, all'educazione e ad altre cause umanitarie. Le sue attività filantropiche riflettono la sua visione di migliorare il futuro dell'umanità attraverso investimenti strategici in aree chiave che possono avere un impatto positivo a lungo termine.

Elon Musk Foundation

Una delle principali piattaforme attraverso cui Musk esercita la sua filantropia è la Elon Musk Foundation, fondata nel 2002. La fondazione si concentra su quattro aree principali: ricerca sull'energia rinnovabile, ricerca sull'intelligenza artificiale sicura, educazione scientifica e ingegneristica, e sostegno ai bambini malati. Nel corso degli anni, la fondazione ha distribuito milioni di dollari in donazioni a varie cause e organizzazioni che operano in questi settori.

Contributi alla Ricerca e all'Educazione

Uno degli impegni più significativi di Musk è nel campo dell'educazione. Crede fermamente che l'istruzione sia la chiave per il progresso umano e ha sostenuto numerosi progetti educativi. Ad esempio, ha donato milioni di dollari per migliorare le scuole pubbliche nella contea di Los Angeles, fornendo risorse per migliorare le strutture scolastiche, le attrezzature didattiche e i programmi educativi. Musk è anche un sostenitore della Charter School Alliance e ha contribuito alla creazione di scuole charter innovative che promuovono metodi di insegnamento avanzati.

Un progetto filantropico notevole nel campo dell'educazione è la creazione della Ad Astra School, una scuola sperimentale fondata da Musk presso la sede di SpaceX a Hawthorne, California. La scuola è progettata per educare i figli dei dipendenti di SpaceX e altre aziende, utilizzando un curriculum innovativo che enfatizza il problem-solving, il pensiero critico e l'apprendimento pratico. Ad Astra si distingue per il suo approccio non tradizionale all'istruzione, concentrandosi su progetti interdisciplinari e l'uso di tecnologie avanzate.

Musk ha anche donato a diverse università e istituzioni di ricerca per promuovere la scienza e l'ingegneria. Tra questi, spiccano le donazioni a Stanford University, MIT e la California Institute of Technology (Caltech). Questi contributi sono destinati a finanziare borse di studio, programmi di ricerca e lo sviluppo di nuovi laboratori e strutture di ricerca. L'obiettivo è incoraggiare l'innovazione scientifica e formare la prossima generazione di scienziati e ingegneri che possano affrontare le sfide globali.

Sostegno alla Ricerca sull'Energia Rinnovabile

L'impegno di Musk per un futuro sostenibile si riflette anche nei suoi contributi alla ricerca sull'energia rinnovabile. Ha finanziato progetti e organizzazioni che lavorano per sviluppare tecnologie energetiche pulite e ridurre la dipendenza dai combustibili fossili. Tra le sue donazioni più rilevanti, vi sono i contributi alla SolarCity (ora parte di Tesla), che ha portato avanti progetti per l'installazione di pannelli solari in scuole, abitazioni e strutture pubbliche, promuovendo l'adozione dell'energia solare su vasta scala.

Musk ha anche sostenuto iniziative legate alla lotta contro il cambiamento climatico, donando a fondazioni e organizzazioni che lavorano per la conservazione dell'ambiente e la protezione degli ecosistemi. Questo include il finanziamento di ricerche su tecnologie di cattura e stoccaggio del carbonio, che potrebbero svolgere un ruolo cruciale nella riduzione delle emissioni di gas serra e nella mitigazione degli effetti del cambiamento climatico.

Ricerca sull'Intelligenza Artificiale Sicura

Un'altra area chiave del sostegno filantropico di Musk è la ricerca sull'intelligenza artificiale sicura. Come co-fondatore di OpenAI, Musk ha contribuito significativamente a finanziare e guidare l'organizzazione, che si dedica a garantire che l'IA venga sviluppata in modo sicuro e che i suoi benefici siano equamente distribuiti. OpenAI si impegna a promuovere la trasparenza nella ricerca sull'IA e a sviluppare protocolli di sicurezza che possano prevenire l'uso improprio della tecnologia.

Sostegno ai Bambini Malati e alle Famiglie Bisognose

La Elon Musk Foundation ha anche un forte impegno nel migliorare la vita dei bambini malati e delle famiglie bisognose. Musk ha donato ingenti somme a ospedali pediatrici e organizzazioni che forniscono assistenza sanitaria ai bambini. Ad esempio, ha contribuito finanziariamente al Children's Hospital Los Angeles, sostenendo programmi di ricerca e trattamenti per malattie pediatriche. Questi contributi aiutano a migliorare le cure mediche per i bambini e a sostenere le famiglie durante i periodi di difficoltà.

Risposta alle Crisi e agli Aiuti Umanitari

Musk non è estraneo alla risposta alle crisi umanitarie. La sua fondazione ha fornito aiuti in risposta a disastri naturali e altre emergenze. Durante gli incendi in California, Musk ha donato risorse e tecnologie, come sistemi di filtrazione dell'aria per scuole e abitazioni colpite dal fumo. Inoltre, ha supportato iniziative di soccorso per le vittime di uragani e terremoti, fornendo donazioni dirette e sostenendo organizzazioni che lavorano sul campo per fornire assistenza immediata.

Progetti Futuri e Visione a Lungo Termine

L'impegno filantropico di Musk è in continua evoluzione e si adatta alle nuove sfide e opportunità. Oltre ai contributi già menzionati, Musk ha espresso interesse per una serie di iniziative future che potrebbero avere un impatto significativo. Tra questi vi sono progetti per sostenere la colonizzazione di Marte e la creazione di infrastrutture sostenibili nello spazio, riflettendo la sua visione a lungo termine di rendere l'umanità una specie multiplanetaria. Questi sforzi potrebbero includere finanziamenti per la ricerca scientifica e tecnologica necessaria per rendere possibile la vita su altri pianeti.

In conclusione, le attività filantropiche di Elon Musk rappresentano un impegno profondo e diversificato per migliorare il futuro dell'umanità. Attraverso la Elon Musk Foundation e altre iniziative, ha sostenuto cause cruciali come l'educazione, la ricerca scientifica, l'energia rinnovabile, l'IA sicura e l'assistenza ai bambini malati. La sua visione filantropica è strettamente legata alla sua visione imprenditoriale, puntando a risolvere alcuni dei problemi più urgenti del mondo e a promuovere il progresso tecnologico in modo che sia benefico per tutti. Con un approccio strategico e un impegno costante, Musk continua a influenzare positivamente la società, utilizzando le sue risorse e la sua influenza per promuovere un cambiamento significativo e duraturo.

- Concludi il punto in modo molto dettagliato

Elon Musk ha dimostrato un impegno filantropico eccezionale attraverso una serie di iniziative e donazioni mirate a migliorare il futuro dell'umanità. La sua visione filantropica non è limitata a un solo settore ma abbraccia diverse aree cruciali come l'educazione, la ricerca scientifica, l'energia rinnovabile, l'intelligenza artificiale sicura e l'assistenza umanitaria.

Attraverso la **Elon Musk Foundation**, fondata nel 2002, Musk ha canalizzato risorse significative verso cause che possono avere un impatto duraturo e trasformativo. La fondazione si concentra principalmente su quattro aree: l'energia rinnovabile, l'intelligenza artificiale sicura, l'educazione scientifica e ingegneristica, e il supporto ai bambini malati. Ogni area è strategicamente scelta per affrontare alcune delle sfide più urgenti del nostro tempo e per promuovere un progresso sostenibile e inclusivo.

Educazione: Musk ha fatto donazioni significative per migliorare le scuole pubbliche, sostenere le charter school e promuovere metodi di insegnamento innovativi. La creazione della **Ad Astra School** presso SpaceX riflette il suo approccio non convenzionale all'istruzione, enfatizzando il pensiero critico, il problem-solving e l'apprendimento pratico. Attraverso donazioni a università prestigiose come Stanford, MIT e Caltech, Musk ha finanziato borse di studio e programmi di ricerca, contribuendo a formare la prossima generazione di scienziati e ingegneri.

Ricerca sull'energia rinnovabile: L'impegno di Musk per un futuro sostenibile è evidente nei suoi contributi alla ricerca e allo sviluppo di tecnologie energetiche pulite. Ha sostenuto progetti che promuovono l'adozione dell'energia solare e altre forme di energia rinnovabile. Le sue donazioni e iniziative in questo campo mirano a ridurre la dipendenza dai combustibili fossili e a mitigare gli effetti del cambiamento climatico.

Intelligenza artificiale sicura: Come co-fondatore di **OpenAI**, Musk ha investito nella ricerca per garantire che lo sviluppo dell'IA avvenga in modo sicuro e che i benefici siano equamente distribuiti. OpenAI è impegnata a promuovere la trasparenza nella ricerca sull'IA e a sviluppare protocolli di sicurezza per prevenire l'uso improprio della tecnologia. Musk riconosce sia il potenziale rivoluzionario dell'IA che i suoi rischi, e attraverso OpenAI lavora per bilanciare queste due dimensioni.

Sostegno ai bambini malati e alle famiglie bisognose: Musk ha dimostrato una particolare attenzione ai bambini malati, donando a ospedali pediatrici e sostenendo programmi di ricerca e trattamento. Le sue donazioni a istituzioni come il **Children's Hospital Los Angeles** hanno contribuito a migliorare le cure mediche e a sostenere le famiglie durante periodi difficili.

Risposta alle crisi e agli aiuti umanitari: Musk non è estraneo alla risposta alle emergenze umanitarie.

La sua fondazione ha fornito aiuti in risposta a disastri naturali come gli incendi in California, uragani e terremoti. Le sue iniziative includono donazioni dirette e il supporto a organizzazioni che forniscono assistenza immediata alle vittime.

Progetti futuri e visione a lungo termine:
Guardando al futuro, Musk ha espresso interesse per una serie di iniziative che potrebbero avere un impatto significativo. Tra questi vi sono i progetti per la colonizzazione di Marte e la creazione di infrastrutture sostenibili nello spazio. Questi sforzi riflettono la sua visione di rendere l'umanità una specie multiplanetaria, finanziando la ricerca scientifica e tecnologica necessaria per rendere possibile la vita su altri pianeti.

In conclusione, le attività filantropiche di Elon Musk rappresentano un impegno profondo e diversificato per migliorare il futuro dell'umanità. Attraverso la Elon Musk Foundation e altre iniziative, Musk ha sostenuto cause cruciali come l'educazione, la ricerca scientifica, l'energia rinnovabile, l'IA sicura e l'assistenza ai bambini malati. La sua visione filantropica è strettamente legata alla sua visione imprenditoriale, puntando a risolvere alcuni dei problemi più urgenti del mondo e a promuovere il progresso tecnologico in modo che sia benefico per tutti. Con un approccio strategico e un impegno costante, Musk continua a influenzare positivamente la società, utilizzando le sue risorse e la sua influenza per promuovere un cambiamento significativo e duraturo. Le sue attività filantropiche dimostrano che il successo imprenditoriale può andare di pari passo con un profondo impegno per il benessere collettivo, creando un futuro migliore e più sostenibile per le generazioni a venire.

13.Controversie e Critiche Le principali controversie che hanno coinvolto Musk, le critiche ricevute e le sue risposte.

Controversie e Critiche

Elon Musk, una delle figure più prominenti e innovative del nostro tempo, non è estraneo alle controversie e alle critiche. Le sue azioni, dichiarazioni e comportamenti hanno spesso suscitato dibattiti intensi e polarizzanti. Qui di seguito sono riportate alcune delle principali controversie che hanno coinvolto Musk, le critiche ricevute e le sue risposte.

Comportamento sui Social Media

Musk è noto per il suo uso attivo e talvolta impulsivo dei social media, in particolare Twitter. Alcuni dei suoi tweet hanno causato significative turbolenze nei mercati finanziari e controversie legali. Ad esempio, nel 2018, Musk ha twittato di aver "secured funding" per privatizzare Tesla a $420 per azione, causando un'impennata del prezzo delle azioni. La Securities and Exchange Commission (SEC) degli Stati Uniti ha accusato Musk di frode per queste affermazioni, sostenendo che non avesse realmente assicurato il finanziamento. Musk ha raggiunto un accordo con la SEC, accettando di pagare una multa di $20 milioni e di dimettersi da presidente di Tesla per almeno tre anni, pur rimanendo CEO.

Gestione del Lavoro e Condizioni dei Dipendenti

Tesla e SpaceX, le due principali aziende di Musk, sono state criticate per le condizioni di lavoro e la gestione dei dipendenti. Diversi report hanno evidenziato turni di lavoro eccessivamente lunghi, alta pressione e un ambiente di lavoro stressante. Alcuni dipendenti di Tesla hanno denunciato incidenti di sicurezza e infortuni sul lavoro. Musk ha risposto a queste critiche sottolineando l'importanza dell'innovazione e della velocità nel settore tecnologico, ma ha anche promesso di migliorare le condizioni di lavoro e la sicurezza nelle sue aziende.

Dichiarazioni Pubbliche e Controversie Verbali

Musk è stato coinvolto in diverse controversie verbali, spesso per commenti impulsivi e poco ponderati. Nel 2018, durante il salvataggio di un gruppo di ragazzi intrappolati in una grotta in Thailandia, Musk ha definito un subacqueo coinvolto nelle operazioni di salvataggio come "pedo guy" su Twitter. Questa affermazione ha suscitato un'ondata di critiche e una causa per diffamazione da parte del subacqueo, che Musk ha vinto in tribunale. Tuttavia, l'incidente ha danneggiato la sua reputazione pubblica.

Approccio alla Pandemia di COVID-19

Durante la pandemia di COVID-19, Musk ha fatto diverse dichiarazioni controverse riguardo al virus e alle misure di lockdown. Ha minimizzato la gravità del COVID-19, definendolo "panic demic" e criticando le misure di lockdown come "fasciste". Ha anche promosso l'uso di farmaci non provati per il trattamento del virus. Queste dichiarazioni hanno attirato critiche da parte della comunità scientifica e sanitaria. Tuttavia, Musk ha anche contribuito positivamente, donando ventilatori agli ospedali e convertendo alcune delle strutture di produzione di Tesla per produrre attrezzature mediche.

Gestione dei Progetti e Tempistiche Irrealistiche

Musk è noto per le sue ambiziose visioni e tempistiche aggressive per i progetti delle sue aziende. Spesso, queste scadenze non vengono rispettate, portando a frustrazione tra gli investitori e i clienti. Ad esempio, il lancio dei modelli di auto Tesla è stato frequentemente ritardato rispetto alle previsioni iniziali. Musk ha riconosciuto queste sfide, sostenendo che la sua ottimistica pianificazione è motivata dal desiderio di accelerare il progresso e l'innovazione.

Questioni Ambientali e Critiche all'Industria dell'Energia

Nonostante la promozione di tecnologie sostenibili attraverso Tesla e SolarCity, Musk è stato criticato per alcune delle pratiche ambientali delle sue aziende. Ad esempio, l'espansione delle fabbriche di Tesla ha sollevato preoccupazioni riguardo all'impatto ambientale locale, tra cui l'uso delle risorse idriche e la gestione dei rifiuti. Inoltre, le operazioni di estrazione per i materiali delle batterie, come il litio, sono state criticate per il loro impatto ambientale. Musk ha risposto evidenziando gli sforzi delle sue aziende per migliorare l'efficienza energetica e sviluppare pratiche di produzione più sostenibili.

Relazioni con i Sindacati

Tesla ha avuto un rapporto turbolento con i sindacati. Musk si è opposto pubblicamente alla sindacalizzazione dei dipendenti di Tesla, sostenendo che l'azienda offre già buone condizioni di lavoro e compensi competitivi. Tuttavia, i critici affermano che le sue azioni e dichiarazioni contro i sindacati sono state intimidatorie e hanno ostacolato gli sforzi dei lavoratori per organizzarsi. La National Labor Relations Board (NLRB) ha accusato Tesla di pratiche di lavoro scorrette e di aver violato i diritti dei lavoratori.

Elon Musk e l'Innovazione Disruptive

Le visioni ambiziose di Musk per l'innovazione disruptive, come la colonizzazione di Marte con SpaceX e lo sviluppo del trasporto sotterraneo con The Boring Company, hanno attirato sia ammirazione che scetticismo. Mentre molti apprezzano il suo spirito pionieristico e la volontà di affrontare grandi sfide, altri criticano i suoi progetti come irrealistici e sovradimensionati. Le sue aziende spesso operano al limite della fattibilità tecnologica e finanziaria, portando a rischi elevati e a pressioni intense per raggiungere risultati straordinari.

Critiche sul Lavoro con Governi e Appalti Pubblici

SpaceX e Tesla hanno beneficiato di contratti governativi e sussidi, attirando critiche da parte di coloro che vedono queste relazioni come eccessivamente dipendenti dal denaro pubblico. Ad esempio, SpaceX ha ricevuto contratti multimiliardari dalla NASA e dal Dipartimento della Difesa degli Stati Uniti per lo sviluppo e il lancio di razzi. I critici sostengono che queste sovvenzioni danno un vantaggio competitivo ingiusto. Musk ha risposto sottolineando che i suoi progetti offrono enormi benefici pubblici, come la riduzione dei costi di lancio nello spazio e la promozione dell'energia sostenibile, giustificando così il supporto governativo.

Conclusione

Le controversie e le critiche che hanno coinvolto Elon Musk riflettono la complessità del suo ruolo come innovatore e imprenditore. La sua capacità di sfidare lo status quo e di spingere i limiti della tecnologia lo ha reso una figura polarizzante. Le sue azioni e dichiarazioni hanno spesso sollevato dibattiti intensi, ma hanno anche stimolato progressi significativi in vari settori. Le risposte di Musk alle critiche variano dal riconoscimento dei problemi e dall'impegno a migliorare, alla difesa decisa delle sue visioni e delle sue pratiche. Questo dualismo tra ammirazione e critica continua a definire la percezione pubblica di Elon Musk e il suo impatto sul mondo.

Elon Musk, con la sua figura enigmatica e polarizzante, ha attirato una vasta gamma di critiche e controversie che abbracciano diversi aspetti della sua vita personale e professionale. Queste controversie hanno messo in luce sia le sue qualità di innovatore audace che le sue debolezze come figura pubblica e leader aziendale.

Relazioni con i Media

Musk ha avuto un rapporto spesso tumultuoso con i media. Ha criticato apertamente la stampa per ciò che considera una copertura iniqua e sensazionalistica delle sue aziende e delle sue azioni personali. In diverse occasioni, ha usato Twitter per attaccare giornalisti e organi di informazione, accusandoli di distorcere i fatti per ottenere click e vendite. Questa ostilità ha generato un dibattito sul ruolo dei media nella copertura delle figure pubbliche e sulla responsabilità di tali figure di mantenere un dialogo costruttivo con la stampa. Nonostante le critiche, Musk ha continuato a utilizzare i social media per comunicare direttamente con il pubblico, bypassando spesso i canali tradizionali di informazione.

Approccio alla Proprietà Intellettuale

Un altro punto controverso riguarda l'approccio di Musk alla proprietà intellettuale. In diverse occasioni, ha dichiarato che le sue aziende, in particolare Tesla, non faranno causa ad altre aziende che utilizzano la loro tecnologia di buona fede. Questa strategia di open-sourcing, che Musk chiama "open patent", è stata elogiata per la sua innovatività e per l'intenzione di accelerare l'adozione di tecnologie sostenibili. Tuttavia, ha anche sollevato preoccupazioni riguardo alla protezione della proprietà intellettuale e alla sicurezza delle innovazioni. Alcuni critici sostengono che questa politica potrebbe scoraggiare gli investimenti in ricerca e sviluppo, mentre altri la vedono come una mossa strategica per posizionare Tesla come leader del settore e definire gli standard tecnologici.

Investimenti e Strategie Finanziarie

Le strategie finanziarie di Musk hanno spesso attirato attenzione e critiche. La sua gestione di Tesla, in particolare, è stata oggetto di esame da parte degli analisti finanziari e degli investitori. Le scommesse audaci di Musk, come l'investimento massiccio in nuove fabbriche, tecnologie innovative e l'espansione in mercati globali, sono state viste come rischiose e imprudenti da alcuni. Tuttavia, queste stesse mosse hanno portato Tesla a diventare il produttore di auto elettriche più prezioso al mondo. Le fluttuazioni del prezzo delle azioni di Tesla, alimentate in parte dai tweet di Musk e dalle sue dichiarazioni pubbliche, hanno anche sollevato dubbi sulla stabilità a lungo termine dell'azienda e sulla sua capacità di mantenere una crescita sostenibile.

Problemi di Governance Aziendale

La governance aziendale di Tesla ha spesso sollevato preoccupazioni tra gli azionisti e i regolatori. La concentrazione del potere nelle mani di Musk, che serve sia come CEO che come una delle figure di maggior controllo dell'azienda, ha portato a critiche sulla mancanza di indipendenza del consiglio di amministrazione. Gli azionisti hanno espresso preoccupazione per la mancanza di separazione tra la gestione e la supervisione, suggerendo che ciò potrebbe portare a decisioni influenzate da interessi personali piuttosto che dal bene a lungo termine dell'azienda. In risposta a queste critiche, Tesla ha implementato alcune riforme di governance, come l'aggiunta di membri indipendenti al consiglio, ma le preoccupazioni persistono.

Relazioni Internazionali e Controversie con i Governi

Le operazioni globali di Tesla e SpaceX hanno inevitabilmente portato Musk a interagire con vari governi e regolatori internazionali. In Cina, ad esempio, Tesla ha ricevuto sostegno significativo per costruire una gigafactory a Shanghai, la prima fabbrica di Tesla al di fuori degli Stati Uniti. Questo progetto ha suscitato preoccupazioni per la sicurezza nazionale negli Stati Uniti, data la sensibilità delle tecnologie avanzate e la concorrenza strategica tra i due paesi. Allo stesso tempo, le relazioni di Musk con i governi locali in altre regioni, come la California e il Nevada, hanno oscillato tra cooperazione e conflitto, specialmente riguardo a questioni di tassazione, regolamentazione e incentivi fiscali.

Progetti di Fantascienza e Promesse Ambiziose

Musk è noto per le sue visioni ambiziose che spesso sfidano i limiti della realtà attuale, come i suoi piani per colonizzare Marte con SpaceX o per costruire un Hyperloop, un sistema di trasporto ad alta velocità. Questi progetti, pur affascinanti, sono stati criticati per essere troppo fantasiosi e irrealistici. Alcuni esperti ritengono che le risorse e l'attenzione dedicate a queste iniziative potrebbero essere meglio utilizzate per affrontare problemi più immediati e tangibili. Tuttavia, i sostenitori di Musk apprezzano il suo coraggio e la sua capacità di ispirare innovazione, vedendo queste visioni come necessari stimoli per il progresso tecnologico.

Cultura Aziendale e Leadership

La cultura aziendale all'interno delle aziende di Musk è un altro punto di discussione. SpaceX e Tesla sono note per la loro cultura di lavoro intensa e orientata ai risultati, che alcune persone trovano stimolante mentre altre la vedono come oppressiva. Le storie di dipendenti che lavorano lunghe ore sotto alta pressione sono comuni, e alcuni ex dipendenti hanno descritto l'ambiente di lavoro come brutale. Musk ha risposto a queste critiche sostenendo che il ritmo intenso è necessario per mantenere le aziende all'avanguardia dell'innovazione. Ha anche cercato di migliorare la cultura aziendale implementando nuove politiche e programmi di benessere per i dipendenti.

Personalità Pubblica e Immagine Mediatica

La personalità di Musk è un altro fattore che ha contribuito alle sue controversie. È noto per la sua franchezza e il suo comportamento non convenzionale, che lo distinguono dalla maggior parte degli altri CEO di grandi aziende. Questa franchezza, tuttavia, ha portato a incidenti che hanno danneggiato la sua immagine pubblica. Ad esempio, l'uso di marijuana durante un'intervista video in diretta ha sollevato dubbi sulla sua professionalità e ha avuto conseguenze per le sue aziende. La sua propensione a fare dichiarazioni provocatorie su Twitter ha anche portato a scontri con giornalisti, investitori e altre figure pubbliche.

Sfide Etiche e Morali

Le sfide etiche legate alle sue aziende e alle sue azioni personali hanno spesso messo Musk sotto i riflettori. La sua partecipazione a discussioni controverse e la sua tendenza a prendere posizioni politiche decise hanno attirato critiche e sostenitori in egual misura. L'uso della sua influenza per promuovere determinati punti di vista, sia in ambito tecnologico che politico, ha alimentato dibattiti sull'etica del potere e della responsabilità. Le sue scelte di vita personale, come le numerose relazioni pubbliche e le sue dichiarazioni sulle questioni familiari, sono state oggetto di scrutinio e speculazione, contribuendo ulteriormente alla sua immagine complessa.

Conclusione

Le controversie e le critiche che hanno circondato Elon Musk riflettono la natura complessa e sfaccettata della sua personalità e delle sue aziende. Mentre è indubbiamente un innovatore e visionario che ha spinto i confini della tecnologia e dell'industria, le sue azioni e dichiarazioni hanno spesso sollevato questioni etiche, legali e morali. Le risposte di Musk a queste critiche variano, dal riconoscimento dei problemi e dall'impegno a migliorare, alla difesa risoluta delle sue visioni e pratiche. Questo dualismo tra ammirazione e critica continua a definire la percezione pubblica di Elon Musk e il suo impatto sul mondo, rendendolo una delle figure più influenti e discusse del nostro tempo.

Le controversie che hanno coinvolto Elon Musk non si limitano solo alla sua vita professionale e alla gestione delle sue aziende, ma si estendono anche alla sua persona e alle sue interazioni personali. Uno degli aspetti più discussi della vita di Musk riguarda le sue relazioni interpersonali e il modo in cui queste influenzano la percezione pubblica della sua figura.

Relazioni Personali e Vita Privata

Le relazioni personali di Musk hanno spesso attirato l'attenzione dei media. La sua vita sentimentale, inclusi i matrimoni e i divorzi, è stata ampiamente documentata e scrutinata. Ad esempio, i suoi due matrimoni e divorzi con Talulah Riley, attrice britannica, sono stati seguiti con grande interesse dal pubblico. La relazione con la musicista Grimes, con cui ha un figlio, ha ulteriormente alimentato l'interesse mediatico. Le scelte di Musk in materia di nomi dei figli, come nel caso del loro figlio X Æ A-12, hanno suscitato curiosità e spesso derisione, ma riflettono anche la sua propensione per l'originalità e la non conformità.

Lavoro e Vita Privata Interconnessi

Musk è noto per il suo stile di vita lavorativo intensivo, che spesso si interseca con la sua vita privata. Ha più volte dichiarato di lavorare fino a 100 ore a settimana, trascorrendo spesso le notti in fabbrica per assicurarsi che i progetti procedano come previsto. Questo livello di dedizione è ammirato da alcuni come un segno del suo impegno e della sua etica del lavoro, ma ha anche sollevato preoccupazioni riguardo alla sostenibilità di un tale ritmo e all'impatto sulla sua salute e sul benessere personale. Musk stesso ha ammesso di avere difficoltà a bilanciare il lavoro e la vita privata, una lotta comune a molti imprenditori di successo.

Salute Mentale e Benessere

Le discussioni sulla salute mentale di Musk sono diventate un tema rilevante, specialmente alla luce delle sue dichiarazioni sui social media e delle interviste in cui ha parlato apertamente delle sue lotte personali. Musk ha condiviso di aver attraversato periodi di grande stress e difficoltà emotive, soprattutto durante i momenti critici per le sue aziende, come il periodo di produzione della Tesla Model 3. La trasparenza con cui ha affrontato questi temi ha contribuito a sensibilizzare l'opinione pubblica sull'importanza della salute mentale, ma ha anche sollevato interrogativi sulla sua capacità di gestire lo stress e di mantenere l'equilibrio necessario per guidare aziende di tale portata.

Conflitti con Investitori e Azionisti

Musk ha avuto frequenti conflitti con investitori e azionisti, in particolare riguardo alla sua gestione di Tesla. Le sue dichiarazioni pubbliche e i tweet impulsivi hanno spesso causato fluttuazioni significative nel prezzo delle azioni, portando a critiche e talvolta a cause legali. Gli investitori hanno espresso preoccupazioni riguardo alla sua leadership imprevedibile e alla mancanza di trasparenza in alcune delle sue decisioni aziendali. Tuttavia, Musk ha anche difensori accaniti tra gli investitori, che apprezzano la sua visione a lungo termine e il suo impegno a portare Tesla e SpaceX a successi senza precedenti.

Rivalità e Conflitti con Altri Leader del Settore

Le rivalità di Musk con altri leader del settore tecnologico e automobilistico sono state spesso oggetto di attenzione. La sua competizione con Jeff Bezos, fondatore di Amazon e Blue Origin, nel settore dell'esplorazione spaziale è particolarmente nota. Entrambi i miliardari hanno visioni ambiziose per il futuro dello spazio, ma i loro approcci e le loro strategie spesso divergono, portando a scontri pubblici e polemiche. Musk non ha esitato a criticare le tecnologie e le strategie di Blue Origin, aumentando la tensione tra le due aziende. Allo stesso modo, ha avuto scambi polemici con dirigenti di case automobilistiche tradizionali, criticando il loro ritardo nell'adozione di tecnologie elettriche e sostenibili.

Interazioni con le Autorità di Regolamentazione

Le interazioni di Musk con le autorità di regolamentazione sono state spesso tese. Oltre alla già menzionata controversia con la SEC, Tesla ha affrontato indagini da parte di altre agenzie governative su questioni legate alla sicurezza dei veicoli, alle pratiche lavorative e all'impatto ambientale. Musk ha criticato apertamente alcune di queste indagini, definendole ingiuste o eccessivamente punitive. Questa posizione conflittuale ha portato a ulteriori tensioni, ma ha anche rafforzato la percezione di Musk come un imprenditore che sfida le norme stabilite per perseguire il progresso tecnologico.

Posizioni Politiche e Sociali

Musk ha spesso espresso opinioni politiche e sociali che hanno generato dibattiti. Sebbene tenda a mantenere un profilo relativamente neutrale rispetto ai partiti politici, le sue dichiarazioni su temi come la pandemia di COVID-19, il cambiamento climatico e la regolamentazione dell'industria tecnologica hanno sollevato polemiche. Ad esempio, la sua critica alle misure di lockdown durante la pandemia è stata vista da alcuni come irresponsabile, mentre altri hanno apprezzato la sua difesa della libertà economica e personale. Le sue posizioni su temi come l'energia rinnovabile e l'intelligenza artificiale riflettono una visione progressista, ma le sue azioni e dichiarazioni occasionalmente contraddittorie continuano a suscitare dibattiti.

Impatto Ambientale delle Attività Aziendali

Nonostante l'impegno di Tesla per l'energia sostenibile, le operazioni delle sue fabbriche hanno sollevato preoccupazioni ambientali. L'espansione rapida delle gigafactory, necessaria per soddisfare la crescente domanda di veicoli elettrici, ha avuto un impatto significativo sulle risorse locali e sull'ambiente. Le pratiche di estrazione delle materie prime necessarie per le batterie, come il litio e il cobalto, sono state criticate per il loro impatto ecologico e sociale. Musk ha risposto a queste critiche sottolineando gli sforzi di Tesla per migliorare la sostenibilità della catena di approvvigionamento e per sviluppare tecnologie di riciclaggio delle batterie, ma le preoccupazioni persistono.

Iniziative Caritatevoli e Risposte alle Crisi

Musk ha anche ricevuto critiche riguardo alle sue iniziative filantropiche. Alcuni sostengono che, nonostante la sua immensa ricchezza, le sue donazioni caritatevoli sono relativamente limitate rispetto ad altri miliardari. Tuttavia, Musk ha fatto donazioni significative in risposta a crisi specifiche, come la fornitura di ventilatori durante la pandemia di COVID-19 e l'installazione di sistemi solari in aree colpite da disastri naturali. Le sue iniziative filantropiche spesso riflettono il suo interesse per la tecnologia e l'innovazione, come nel caso delle donazioni per la ricerca sull'intelligenza artificiale e l'energia rinnovabile.

Visioni per il Futuro e Critiche Utopistiche

Le visioni futuristiche di Musk, come la colonizzazione di Marte e la creazione di una rete di trasporto sotterranea ad alta velocità, sono state sia acclamate che criticate. I detrattori vedono queste idee come utopistiche e irrealizzabili, sostenendo che le risorse e l'attenzione potrebbero essere meglio utilizzate per affrontare problemi più immediati e realistici. Tuttavia, i sostenitori di Musk apprezzano il suo coraggio nell'immaginare un futuro radicalmente diverso e il suo impegno a lavorare verso questi obiettivi audaci. La capacità di Musk di ispirare e motivare le persone verso visioni ambiziose continua a essere una delle sue qualità più distintive.

Sfide Legali e Controversie Giuridiche

Le sfide legali non sono mancate nella carriera di
Musk. Oltre alle controversie con la SEC, Musk e le sue
aziende hanno affrontato numerose cause legali,
inclusi casi di diffamazione, questioni di brevetti e
dispute contrattuali. Questi problemi legali hanno
spesso distolto l'attenzione dai progressi tecnologici
delle sue aziende e hanno creato ulteriori ostacoli nella
sua già complessa carriera imprenditoriale. Le risposte
di Musk a queste sfide legali variano dalla difesa
risoluta alla ricerca di compromessi, ma ogni caso ha
contribuito a plasmare la narrativa pubblica su di lui.

Conclusione

Le controversie e le critiche che circondano Elon Musk
sono un riflesso della sua figura complessa e poliedrica.
Come imprenditore visionario, ha spinto i confini
dell'innovazione e ha trasformato interi settori
industriali. Tuttavia, le sue azioni e dichiarazioni
hanno spesso sollevato domande etiche, legali e morali,
generando un dibattito continuo sul suo impatto e sulle
sue responsabilità. La capacità di Musk di polarizzare
l'opinione pubblica, di ispirare grandi entusiasmi e
profonde critiche, testimonia la sua influenza
straordinaria nel mondo contemporaneo. In un'epoca
di rapidi cambiamenti tecnologici e sociali, Elon Musk
rimane una figura centrale, la cui eredità sarà
probabilmente oggetto di discussione e analisi per
molti anni a venire.

- Concludi il punto in modo molto dettagliato

Le controversie e le critiche che circondano Elon Musk offrono uno sguardo complesso e sfaccettato su una delle figure più influenti e controverse del nostro tempo. Come imprenditore, Musk ha raggiunto risultati straordinari, trasformando interi settori industriali e spingendo i confini dell'innovazione tecnologica con Tesla, SpaceX, The Boring Company e altre iniziative. Tuttavia, la sua carriera è stata accompagnata da una serie di controversie e critiche che hanno messo in discussione sia il suo stile di leadership che le sue visioni audaci per il futuro.

Le critiche principali rivolte a Musk riguardano il suo comportamento sui social media, spesso impulsivo e provocatorio, che ha causato turbolenze nei mercati finanziari e conflitti legali, come nel caso delle sue dichiarazioni su Twitter riguardo la privatizzazione di Tesla. Il suo uso di Twitter ha sollevato domande sulla responsabilità e l'adeguatezza di un CEO di una grande azienda nell'utilizzare i social media in modo così diretto e non filtrato.

Le condizioni di lavoro nelle sue aziende, in particolare Tesla e SpaceX, sono state un'altra area di forte critica. Le segnalazioni di turni di lavoro estenuanti, alti livelli di stress e infortuni sul lavoro hanno messo in luce le difficoltà di mantenere un ambiente di lavoro sostenibile e sicuro in aziende così orientate alla rapidità e all'innovazione. Musk ha risposto a queste critiche promettendo miglioramenti, ma le preoccupazioni persistono.

Musk è stato anche coinvolto in numerose controversie verbali, come il suo commento infamante su un subacqueo coinvolto nel salvataggio di ragazzi intrappolati in una grotta in Thailandia, che ha portato a una causa per diffamazione. Anche le sue dichiarazioni durante la pandemia di COVID-19, che minimizzavano la gravità del virus e criticavano le misure di lockdown, hanno attirato forti critiche da parte della comunità scientifica e sanitaria.

La gestione delle tempistiche e delle promesse aziendali di Musk è un altro punto di critica. Le sue ambiziose scadenze per i progetti di Tesla e SpaceX sono spesso risultate irrealistiche, causando frustrazione tra investitori e clienti. Nonostante questo, Musk ha mantenuto un forte seguito grazie alla sua capacità di realizzare comunque risultati straordinari, anche se non sempre nei tempi previsti.

Le questioni ambientali legate alla produzione di veicoli elettrici e batterie, nonché le pratiche di estrazione delle materie prime, hanno sollevato dubbi sulla sostenibilità delle operazioni delle sue aziende. Musk ha cercato di rispondere sottolineando gli sforzi di Tesla per migliorare la sostenibilità della catena di approvvigionamento e sviluppare tecnologie di riciclaggio delle batterie.

Le relazioni di Musk con i sindacati e le controversie legate ai diritti dei lavoratori sono state un altro punto di tensione. La sua opposizione alla sindacalizzazione dei dipendenti di Tesla ha portato a accuse di pratiche di lavoro scorrette e violazioni dei diritti dei lavoratori. Questi conflitti hanno evidenziato la difficoltà di bilanciare l'efficienza operativa con il benessere dei dipendenti.

Musk ha avuto rivalità e scontri pubblici con altri leader del settore tecnologico, in particolare con Jeff Bezos nel campo dell'esplorazione spaziale. Questi conflitti hanno messo in luce le diverse filosofie e approcci dei due imprenditori, aumentando l'interesse mediatico e il dibattito pubblico sulle loro visioni e strategie.

Le interazioni di Musk con le autorità di regolamentazione, sia negli Stati Uniti che a livello internazionale, hanno spesso portato a tensioni. Le sue critiche aperte alle indagini regolamentari e le sue battaglie legali con la SEC e altre agenzie hanno sollevato questioni sulla sua capacità di collaborare con le istituzioni governative.

Nonostante queste controversie, Musk ha dimostrato un impegno filantropico significativo, attraverso la sua fondazione e altre iniziative, sostenendo cause come l'educazione, la ricerca scientifica, l'energia rinnovabile e l'intelligenza artificiale sicura. Le sue donazioni e contributi, sebbene a volte criticate per la loro entità rispetto alla sua enorme ricchezza, riflettono un desiderio di avere un impatto positivo sul mondo.

Le visioni futuristiche di Musk, come la colonizzazione di Marte e la creazione di un sistema di trasporto Hyperloop, hanno generato sia ammirazione che scetticismo. I detrattori vedono queste idee come utopistiche e irrealizzabili, mentre i sostenitori le considerano ispirazioni necessarie per il progresso tecnologico. Musk continua a perseguire questi obiettivi con determinazione, cercando di trasformare in realtà le sue visioni più ambiziose.

Le sfide legali e le controversie giuridiche che ha affrontato hanno ulteriormente complicato il suo percorso, ma hanno anche dimostrato la sua resilienza e la capacità di superare ostacoli significativi. Le sue risposte a queste sfide variano, dal compromesso alla difesa risoluta, ma ogni caso ha contribuito a definire la sua figura pubblica e il suo approccio alla leadership.

In conclusione, Elon Musk è una figura che incarna la complessità dell'innovazione moderna. Le sue controversie e critiche riflettono le sfide intrinseche nel guidare aziende di avanguardia e nel perseguire visioni audaci. Sebbene le sue azioni e dichiarazioni abbiano spesso sollevato polemiche, il suo impatto sul mondo è innegabile. Musk continua a spingere i confini di ciò che è possibile, ispirando e dividendo l'opinione pubblica con la sua audacia e la sua determinazione. Il suo lascito sarà probabilmente oggetto di dibattito e analisi per molti anni a venire, rappresentando una testimonianza vivente delle sfide e delle opportunità dell'era tecnologica.

14.Vita Personale Aspetti della vita privata di Musk, incluse le relazioni personali e familiari.

Vita Personale

Elon Musk è una figura pubblica la cui vita personale è stata oggetto di grande interesse e speculazione. Nonostante la sua intensa dedizione al lavoro e alle sue numerose aziende, Musk ha avuto una vita personale ricca e complessa. Qui di seguito vengono esplorati alcuni aspetti chiave delle sue relazioni personali e familiari.

Matrimoni e Relazioni

Musk si è sposato tre volte, due delle quali con la stessa persona. Il suo primo matrimonio fu con Justine Wilson, una scrittrice canadese, nel 2000. La coppia ha avuto sei figli insieme, ma il loro primo figlio, Nevada Alexander Musk, è morto tragicamente a dieci settimane di vita a causa della sindrome della morte improvvisa del lattante (SIDS). Successivamente, hanno avuto cinque figli attraverso la fecondazione in vitro: i gemelli Griffin e Xavier (ora Vivian Jenna Wilson, dopo una transizione di genere) e i tripli Kai, Saxon e Damian. Musk e Justine divorziarono nel 2008, ma hanno mantenuto un rapporto collaborativo per il bene dei loro figli.

Nel 2010, Musk ha sposato l'attrice britannica Talulah Riley. La coppia ha avuto una relazione tumultuosa, con un divorzio nel 2012 seguito da una riconciliazione e un secondo matrimonio nel 2013. Tuttavia, la loro relazione terminò definitivamente con un altro divorzio nel 2016. Nonostante le separazioni, Musk e Riley hanno parlato positivamente l'uno dell'altra in diverse occasioni pubbliche.

Relazione con Grimes

Nel 2018, Musk ha iniziato una relazione con la musicista canadese Claire Boucher, nota professionalmente come Grimes. La loro relazione ha attirato molta attenzione mediatica, in parte a causa della loro presenza sui social media e della loro collaborazione artistica. Nel maggio 2020, Grimes ha dato alla luce il loro figlio, X Æ A-12 Musk. Il nome del bambino ha generato molta curiosità e confusione, e Musk ha spiegato che è una combinazione di simboli e lettere che rappresentano vari elementi significativi per la coppia. Successivamente, per rispettare le leggi della California che non permettono simboli nei nomi, il nome è stato cambiato in X AE A-Xii. Nel dicembre 2021, Grimes ha rivelato che lei e Musk avevano avuto una seconda figlia tramite surrogato, di nome Exa Dark Sideræl Musk, soprannominata Y.

Relazioni Familiari

Musk ha cinque figli dal suo primo matrimonio, che ha dichiarato essere una parte centrale della sua vita. Nonostante il suo programma di lavoro intenso, ha cercato di mantenere una presenza costante nella vita dei suoi figli. Ha parlato delle difficoltà di bilanciare le responsabilità lavorative con quelle familiari, ma ha anche sottolineato l'importanza del tempo passato con i suoi figli. Le sue esperienze come padre hanno influenzato alcune delle sue decisioni aziendali e

filantropiche, inclusa la creazione della Ad Astra
School presso SpaceX, progettata per offrire
un'istruzione innovativa e personalizzata ai figli dei
dipendenti dell'azienda.

Genitori e Fratelli

Musk è nato in una famiglia sudafricana di origini
anglo-canadesi. Suo padre, Errol Musk, è un ingegnere
elettromeccanico, pilota e marinaio, mentre sua madre,
Maye Musk, è una dietista e modella canadese-
sudafricana. Elon ha due fratelli minori: Kimbal Musk,
un imprenditore e filantropo nel settore alimentare, e
Tosca Musk, una regista e produttrice cinematografica.

Le relazioni di Musk con i suoi genitori sono state
complicate, in particolare con suo padre. Musk ha
descritto il rapporto con suo padre come difficile,
evidenziando una serie di esperienze negative che
hanno influenzato profondamente la sua infanzia e
adolescenza. Nonostante queste difficoltà, il legame
con sua madre Maye è rimasto forte. Maye Musk ha
spesso parlato con orgoglio delle realizzazioni di Elon e
ha mantenuto una presenza attiva nella sua vita e nella
vita dei suoi nipoti.

Stile di Vita e Abitudini

Musk è noto per il suo stile di vita frugale, nonostante
la sua enorme ricchezza. In diverse interviste, ha
dichiarato di non possedere proprietà immobiliari e di
preferire vivere in case in affitto o presso le strutture
delle sue aziende. Questo approccio minimalista è stato

spesso citato come un riflesso della sua dedizione al lavoro e della sua volontà di concentrare le risorse sulle sue ambizioni imprenditoriali piuttosto che su beni materiali.

Le abitudini quotidiane di Musk riflettono la sua etica del lavoro intensiva. È noto per le sue lunghe giornate lavorative, spesso di oltre 100 ore settimanali, divise tra le sue diverse aziende. Nonostante il ritmo frenetico, Musk ha sottolineato l'importanza di trovare il tempo per la famiglia e per il sonno, anche se in quantità limitata. Ha dichiarato di cercare di dormire almeno sei ore a notte per mantenere un livello ottimale di funzionalità.

Interessi Personali

Oltre al suo lavoro, Musk ha vari interessi personali che spaziano dalla fantascienza alla tecnologia avanzata. È un appassionato lettore di libri di fantascienza, che lo hanno ispirato fin dalla giovane età. Autori come Isaac Asimov e Robert Heinlein hanno avuto un'influenza significativa sulla sua visione del futuro e sulle sue ambizioni tecnologiche.

Musk ha anche mostrato interesse per i videogiochi, che considera una forma di espressione artistica e un campo in cui la tecnologia può creare esperienze immersive e innovative. Questo interesse si riflette nella sua attenzione ai dettagli tecnologici e nel suo approccio ingegneristico, che spesso cerca di integrare elementi ludici e creativi nelle sue aziende.

Salute e Benessere

Le preoccupazioni per la salute e il benessere di Musk
sono emerse spesso a causa del suo stile di vita
intensivo. Ha parlato apertamente delle sue lotte con lo
stress e delle difficoltà nel mantenere un equilibrio tra
lavoro e vita privata. In un'intervista del 2018, ha
rivelato di aver assunto Ambien per affrontare
l'insonnia causata dallo stress. Questo ha sollevato
preoccupazioni sulla sua salute mentale e sulla sua
capacità di gestire il carico di lavoro.

Nonostante queste sfide, Musk ha dimostrato una
resilienza notevole, continuando a guidare le sue
aziende attraverso periodi di turbolenza e innovazione.
La sua capacità di rimanere concentrato e motivato
nonostante le difficoltà personali è spesso citata come
una delle sue qualità distintive.

Conclusione

La vita personale di Elon Musk è caratterizzata da una
complessa interazione tra ambizioni professionali
straordinarie e sfide personali significative. Le sue
relazioni personali, inclusi matrimoni e rapporti con i
figli, riflettono la sua umanità e le sue lotte nel
bilanciare lavoro e vita privata. Nonostante le
controversie e le critiche, Musk continua a essere una
figura influente e ispiratrice, capace di attrarre sia
ammirazione che critica. La sua vita personale, con
tutte le sue sfaccettature, contribuisce a delineare un
quadro completo di un uomo che è riuscito a cambiare

il mondo attraverso la sua visione, il suo impegno e la sua tenacia.

Elon Musk, nonostante la sua intensa dedizione al lavoro e alle sue aziende, ha sempre cercato di mantenere un equilibrio tra la sua vita personale e professionale, sebbene non senza difficoltà. La sua vita personale è stata spesso sotto i riflettori, non solo a causa della sua notorietà, ma anche per le sue scelte non convenzionali e le relazioni ad alto profilo.

Le relazioni di Musk sono state oggetto di grande interesse mediatico. Oltre ai suoi matrimoni e alla relazione con Grimes, ha avuto altre relazioni di alto profilo, inclusa una breve storia con l'attrice Amber Heard. Queste relazioni hanno spesso alimentato i tabloid e le discussioni sui social media, portando ulteriori attenzioni alla sua vita privata. Nonostante queste distrazioni, Musk ha sempre cercato di mantenere la sua attenzione focalizzata sulle sue aziende e sui suoi progetti ambiziosi.

La sua filosofia sulla vita e sul lavoro riflette una visione incentrata sull'ottimizzazione del tempo e delle risorse. Musk è noto per adottare un approccio estremamente analitico e ingegneristico non solo nel suo lavoro, ma anche nella gestione della sua vita personale. Divide il suo tempo in segmenti di cinque minuti per massimizzare la produttività, una tecnica che ha descritto come essenziale per gestire le sue numerose responsabilità. Questo livello di disciplina e organizzazione è raro e riflette la sua determinazione a sfruttare ogni momento per perseguire i suoi obiettivi.

Le interazioni di Musk con i suoi figli sono una parte importante della sua vita personale. Ha parlato apertamente delle sfide e delle gioie dell'essere padre, e nonostante il suo programma estremamente fitto, cerca di dedicare tempo di qualità ai suoi figli. Questo include attività educative e ricreative che riflettono i suoi interessi, come la lettura di libri di fantascienza e la costruzione di modelli. Musk ha cercato di instillare nei suoi figli un amore per la scienza e la tecnologia, sperando di ispirare in loro lo stesso senso di meraviglia e curiosità che ha guidato la sua carriera.

Musk ha anche mantenuto una serie di interessi e hobby che, sebbene meno noti, rivelano aspetti importanti della sua personalità. Ad esempio, ha un grande interesse per l'arte e la cultura popolare, come dimostrato dalle sue collezioni d'arte e dai riferimenti alla cultura nerd nelle sue interviste e sui social media. È un fan dichiarato di "Dungeons & Dragons" e di altri giochi di ruolo, e ha spesso parlato di come questi giochi abbiano influenzato il suo pensiero strategico e la sua capacità di risolvere problemi complessi.

La sua curiosità e il suo desiderio di apprendimento continuo non si limitano alla tecnologia. Musk è un lettore vorace e ha una vasta gamma di interessi che spaziano dalla fisica alla storia, dall'economia alla filosofia. Ha spesso citato autori e libri che lo hanno influenzato profondamente, come "The Hitchhiker's Guide to the Galaxy" di Douglas Adams e le opere di Isaac Asimov. Questi testi non solo hanno alimentato la sua immaginazione, ma hanno anche fornito spunti di riflessione sulle possibilità future e sulle responsabilità dell'umanità verso la tecnologia e il progresso.

Le relazioni familiari di Musk non si limitano ai suoi genitori e figli. Anche i suoi fratelli, Kimbal e Tosca Musk, giocano un ruolo significativo nella sua vita. Kimbal è un imprenditore di successo nel settore alimentare e un sostenitore della sostenibilità alimentare, con cui Elon ha spesso collaborato in iniziative filantropiche. Tosca è una regista e produttrice cinematografica, che ha seguito una carriera distinta nel settore dell'intrattenimento. La loro stretta relazione familiare ha contribuito a creare una rete di supporto che ha sostenuto Musk attraverso le sfide personali e professionali.

La salute e il benessere di Musk sono stati temi di discussione, soprattutto a causa del suo stile di vita intensivo. Nonostante la sua frenetica routine lavorativa, Musk ha cercato di mantenere una certa attenzione alla sua salute fisica. Ha parlato dell'importanza dell'esercizio fisico e della dieta, sebbene spesso abbia ammesso che le sue abitudini alimentari non siano sempre ideali. La sua dedizione al lavoro ha portato a periodi di esaurimento fisico e mentale, che ha affrontato con la stessa determinazione con cui affronta le sfide tecnologiche.

Musk ha anche dimostrato una notevole capacità di recupero emotivo. Nonostante le numerose sfide personali, inclusi i divorzi e la perdita di un figlio, ha continuato a perseguire i suoi obiettivi con una resilienza notevole. Ha parlato dell'importanza di affrontare le difficoltà con una mentalità positiva e di utilizzare le esperienze negative come opportunità di crescita e apprendimento.

Le sue esperienze personali hanno influenzato profondamente il suo approccio alla leadership e alla gestione delle sue aziende. Musk è noto per il suo stile di leadership diretto e spesso esigente, ma è anche capace di mostrare empatia e comprensione, soprattutto quando si tratta di supportare i membri del suo team durante periodi di difficoltà. Questo equilibrio tra rigore e umanità è una delle chiavi del suo successo come leader.

Musk ha anche una visione chiara e articolata del futuro dell'umanità, che guida molte delle sue decisioni personali e professionali. Crede fermamente nella necessità di espandere la presenza umana nello spazio e di sviluppare tecnologie sostenibili per garantire la sopravvivenza e il progresso dell'umanità. Questa visione non è solo una componente del suo lavoro, ma è profondamente radicata nella sua filosofia personale.

In definitiva, la vita personale di Elon Musk è tanto complessa e affascinante quanto la sua carriera professionale. Le sue relazioni, i suoi interessi, le sue lotte e le sue conquiste personali contribuiscono a dipingere il ritratto di un uomo straordinario che, nonostante le sue imperfezioni e le sue controversie, continua a ispirare e influenzare milioni di persone in tutto il mondo. La sua capacità di bilanciare ambizioni personali e professionali, affrontando con resilienza le sfide che la vita gli ha posto davanti, rappresenta uno degli aspetti più intriganti e umanizzanti del suo personaggio.

Elon Musk ha sempre avuto una vita personale intensamente intrecciata con la sua carriera professionale, e la sua straordinaria capacità di gestire entrambe ha contribuito a plasmare la sua immagine pubblica. Nonostante il suo impegno incrollabile verso i suoi numerosi progetti, Musk ha dimostrato una notevole attenzione alla sua famiglia, ai suoi amici e ai suoi interessi personali.

L'influenza della sua infanzia in Sudafrica ha avuto un impatto duraturo su di lui. Cresciuto in Pretoria, ha avuto un'infanzia difficile, caratterizzata da bullismo a scuola e da una complessa relazione con il padre. Queste esperienze hanno forgiato il suo carattere determinato e resiliente, spingendolo a cercare rifugio nei libri e nella conoscenza. Ha letto voracemente, immergendosi in opere di fantascienza, filosofia e ingegneria, costruendo una base intellettuale che avrebbe alimentato le sue future innovazioni.

La sua famiglia, nonostante le sfide, ha avuto un'influenza positiva su di lui. Sua madre, Maye Musk, una dietista e modella, ha sempre sostenuto le sue ambizioni, instillandogli l'importanza del duro lavoro e della perseveranza. Suo fratello, Kimbal Musk, è diventato un imprenditore di successo nel settore alimentare, e la loro stretta collaborazione ha spesso portato a progetti filantropici condivisi. La sorella Tosca, invece, ha intrapreso una carriera nel cinema, creando un legame familiare attraverso l'arte e la creatività.

Nonostante i suoi impegni lavorativi estremamente intensi, Musk ha cercato di mantenere un equilibrio nella sua vita personale. È noto per le sue celebrazioni del Ringraziamento e altre festività, che trascorre con la famiglia e gli amici più stretti. Questi momenti di pausa gli permettono di ricaricare le energie e di riflettere su ciò che è veramente importante per lui, lontano dalle pressioni incessanti del mondo degli affari e dell'innovazione tecnologica.

Le amicizie di Musk sono altrettanto significative. Ha un circolo di amici stretti composto principalmente da altre figure di spicco nel settore tecnologico e imprenditoriale. Queste relazioni gli forniscono un network di supporto e ispirazione reciproca. Musk ha spesso parlato dell'importanza di avere persone fidate intorno a sé, che possano offrire consigli sinceri e costruttivi. Questo network di amicizie ha giocato un ruolo cruciale nel sostenere Musk durante i periodi di grande stress e sfide personali.

Musk ha anche avuto un impatto significativo attraverso il suo impegno filantropico, che riflette i suoi valori personali e le sue preoccupazioni per il futuro dell'umanità. Oltre alle donazioni e ai progetti attraverso la Elon Musk Foundation, ha partecipato attivamente a iniziative che mirano a risolvere problemi globali urgenti, come il cambiamento climatico e l'educazione. Il suo sostegno a progetti educativi innovativi, come la Ad Astra School, è un esempio della sua visione a lungo termine per preparare le future generazioni ad affrontare le sfide del domani.

Le sue interazioni con la comunità scientifica e accademica sono un'altra dimensione della sua vita personale. Musk è noto per il suo rispetto e la sua ammirazione per gli scienziati e gli ingegneri che lavorano per risolvere i grandi problemi del nostro tempo. Ha spesso ospitato discussioni e collaborazioni con esperti in vari campi, cercando di creare un ambiente di innovazione aperto e collaborativo. Queste interazioni non solo arricchiscono il suo lavoro, ma contribuiscono anche alla sua crescita personale, mantenendo vivo il suo desiderio di apprendere e migliorarsi continuamente.

La sua passione per lo spazio e l'esplorazione spaziale è un altro aspetto affascinante della sua vita. Musk non solo guida SpaceX verso l'obiettivo ambizioso di rendere l'umanità una specie multiplanetaria, ma ha anche coltivato un interesse personale per la scienza e la tecnologia spaziale. È noto per le sue discussioni approfondite con astronauti, scienziati e ingegneri spaziali, cercando sempre di comprendere meglio le sfide e le opportunità che l'esplorazione dello spazio comporta. Questa passione è alimentata non solo da una visione imprenditoriale, ma anche da un genuino senso di meraviglia e curiosità per l'universo.

Musk ha un lato più leggero e umoristico che emerge occasionalmente, nonostante la sua immagine pubblica spesso seria e determinata. I suoi tweet e interazioni sui social media, pur controversi, mostrano una personalità giocosa e autoironica. Ad esempio, ha scherzato più volte su temi di cultura pop, meme e riferimenti alla fantascienza, dimostrando che, nonostante le enormi responsabilità che porta, riesce ancora a trovare momenti di leggerezza e divertimento.

La sua dieta e le sue abitudini alimentari sono state un argomento di interesse per molti. Nonostante la sua ricchezza, Musk è noto per le sue preferenze alimentari relativamente semplici. Ha dichiarato di preferire pasti veloci e spesso consuma cibo nei suoi uffici per risparmiare tempo. Tuttavia, ha anche apprezzato pasti gourmet e ha partecipato a cene di gala e eventi di alta cucina, dimostrando una certa versatilità nelle sue abitudini alimentari.

Le sue abitudini di sonno sono state altrettanto discusse, dato il suo carico di lavoro intenso. Musk ha parlato della necessità di dormire almeno sei ore a notte per mantenere la sua produttività. Ha anche descritto come spesso debba sacrificare il sonno durante i periodi critici per le sue aziende, bilanciando il bisogno di riposo con le esigenze del lavoro. Questa disciplina nel gestire il sonno riflette la sua dedizione a massimizzare ogni momento del suo tempo.

Nonostante le numerose sfide personali e professionali, Musk ha dimostrato una resilienza notevole. Le sue esperienze di vita, dalle difficoltà dell'infanzia in Sudafrica alle battaglie legali e alle controversie pubbliche, hanno contribuito a forgiare un carattere forte e determinato. Musk ha spesso parlato dell'importanza di affrontare le avversità con una mentalità positiva, vedendo le difficoltà come opportunità per crescere e migliorare.

In definitiva, la vita personale di Elon Musk è un riflesso della sua complessità come individuo. Le sue relazioni personali, le sue passioni, le sue lotte e le sue conquiste personali dipingono il ritratto di un uomo che, nonostante le sue imperfezioni e controversie, continua a ispirare milioni di persone in tutto il mondo. La sua capacità di bilanciare ambizioni personali e professionali, mantenendo al contempo una visione chiara e articolata del futuro, rappresenta uno degli aspetti più intriganti e umanizzanti del suo personaggio.

- Concludi il punto in modo molto dettagliato

Elon Musk, con la sua personalità affascinante e controversa, ha una vita personale complessa e movimentata che ha attirato molta attenzione mediatica. Nato il 28 giugno 1971 a Pretoria, Sudafrica, da madre canadese e padre sudafricano, Musk ha mostrato fin da giovane un grande interesse per la tecnologia e l'imprenditoria. Ha venduto il suo primo videogioco a 12 anni e ha lasciato il Sudafrica all'età di 17 anni per evitare il servizio militare obbligatorio durante l'era dell'apartheid e cercare maggiori opportunità negli Stati Uniti (Encyclopedia Britannica) (Peoplemag).

Matrimoni e Relazioni Sentimentali

Musk è stato sposato tre volte, due delle quali con la stessa persona. Il suo primo matrimonio fu con Justine Wilson, una scrittrice canadese. La coppia ha avuto sei figli insieme, ma il loro primogenito, Nevada Alexander Musk, è morto tragicamente a dieci settimane di vita a causa della sindrome della morte improvvisa del lattante (SIDS). Hanno successivamente avuto cinque figli attraverso la fecondazione in vitro: i gemelli Griffin e Xavier (ora Vivian Jenna Wilson dopo una transizione di genere) e i tripli Kai, Saxon e Damian (Peoplemag). Musk e Wilson hanno divorziato nel 2008.

Nel 2010, Musk ha sposato l'attrice britannica Talulah Riley. La loro relazione è stata tumultuosa, con un divorzio nel 2012, un secondo matrimonio nel 2013 e un altro divorzio definitivo nel 2016. Nonostante le separazioni, Musk e Riley hanno mantenuto un rapporto amichevole e di rispetto reciproco (Encyclopedia Britannica).

Musk ha poi iniziato una relazione con la musicista canadese Grimes nel 2018. La coppia ha avuto due figli: X Æ A-12 Musk, nato nel 2020, il cui nome è stato successivamente cambiato in X AE A-Xii per conformarsi alle leggi californiane, e Exa Dark Sideræl Musk, nata tramite surrogato nel dicembre 2021. Nonostante la separazione, Musk e Grimes continuano a co-genitori dei loro figli e hanno una relazione che Grimes ha definito "fluida" (Autoblog) (Peoplemag).

Relazioni Familiari e Paternità

Musk ha un totale di undici figli. La sua paternità è stata segnata da momenti di gioia e difficoltà, con una delle sue figlie che ha scelto di distanziarsi pubblicamente da lui. Vivian Jenna Wilson, uno dei gemelli avuti con Justine Wilson, ha chiesto di cambiare legalmente il suo nome e il suo genere per distanziarsi dal padre, citando differenze personali e ideologiche. Musk ha attribuito questa rottura a quella che vede come un'influenza "neo-marxista" nelle istituzioni educative frequentate dalla figlia (Peoplemag).

Nonostante le tensioni con Vivian, Musk mantiene buoni rapporti con gli altri figli. Ad esempio, uno dei suoi figli, Damian, è diventato un prodigio della musica classica e ha interessi in matematica e fisica, una passione che condivide con il padre (Peoplemag).

Interessi Personali e Filosofia di Vita

Musk è noto per il suo amore per la lettura, in particolare per i libri di fantascienza e filosofia che hanno ispirato molte delle sue idee e ambizioni. Autori come Isaac Asimov e Douglas Adams hanno avuto un'influenza significativa sulla sua visione del futuro. La sua curiosità e il desiderio di apprendimento continuo si riflettono anche nella sua passione per i videogiochi, come "The Battle of Polytopia", che ha descritto come un modo per rilassarsi e stimolare la sua mente strategica (Engadget).

Salute e Benessere

La salute e il benessere di Musk sono spesso stati motivo di preoccupazione a causa del suo intenso programma di lavoro. Musk ha ammesso di lavorare fino a 100 ore a settimana durante i periodi più intensi e ha parlato delle difficoltà nel bilanciare il lavoro con la vita privata. Ha anche rivelato di aver assunto farmaci come l'Ambien per affrontare l'insonnia causata dallo stress lavorativo. Tuttavia, cerca di mantenere uno stile di vita che include esercizio fisico regolare e una dieta relativamente semplice (The Independent).

Conclusione

La vita personale di Elon Musk è tanto complessa quanto la sua carriera professionale. Le sue relazioni, i suoi interessi, le sue sfide e le sue conquiste personali dipingono il ritratto di un uomo straordinario che continua a ispirare e influenzare milioni di persone in tutto il mondo. Nonostante le controversie e le difficoltà, Musk rimane una figura centrale nel panorama tecnologico e imprenditoriale, con una visione del futuro che continua a spingere i confini del possibile.

1/2

15. Leadership e Stile di Management Lo stile di leadership di Musk, il suo approccio al management e le sue interazioni con i dipendenti.

Elon Musk è noto per il suo stile di leadership unico e spesso controverso, che combina una visione audace e una guida pratica con una domanda incessante di eccellenza dai suoi dipendenti. Ecco una panoramica dettagliata del suo approccio alla leadership e al management, basata su vari aspetti chiave della sua filosofia aziendale e delle sue interazioni con i dipendenti.

Visione e Ambizione

Una delle caratteristiche distintive dello stile di leadership di Musk è la sua visione audace e a lung termine. Musk è un visionario che guarda al futuro con grande ottimismo e cerca di risolvere alcuni dei problemi più complessi del mondo, come l'esplorazione spaziale, la transizione verso l'energia sostenibile e il miglioramento del trasporto urbano. La sua capacità di articolare una visione chiara e ispiratrice è una delle ragioni principali per cui è riuscito a mobilitare risorse enormi e attirare talenti straordinari nelle sue aziende. Musk non solo fissa obiettivi ambiziosi, ma spesso anche scadenze aggressive, spingendo i suoi team a superare i limiti dell'innovazione e della produzione .

Coinvolgimento Pratico e Dettagliato

Musk è noto per il suo coinvolgimento diretto e dettagliato nelle operazioni quotidiane delle sue aziende. Nonostante la sua posizione di CEO di più aziende contemporaneamente, trova il tempo per immergersi nei dettagli tecnici e operativi di progetti chiave. Questo stile di gestione pratica gli consente di risolvere rapidamente problemi tecnici complessi e di guidare l'innovazione a un livello molto operativo. I dipendenti spesso riferiscono che Musk ha una profonda conoscenza tecnica e una capacità unica di entrare nei dettagli dei progetti in modo molto specifico e utile .

Elevate Aspettative e Pressione

Uno degli aspetti più controversi dello stile di leadership di Musk è la sua domanda incessante di eccellenza e la pressione costante sui dipendenti per raggiungere prestazioni elevate. Musk ha stabilito una cultura aziendale caratterizzata da obiettivi ambiziosi e da un ritmo di lavoro intenso. I dipendenti sono spesso spinti al limite, con aspettative di lunghe ore di lavoro e un alto livello di dedizione. Questo approccio ha portato a risultati straordinari in termini di innovazione e crescita aziendale, ma ha anche suscitato critiche per le condizioni di lavoro stressanti e la mancanza di equilibrio tra vita lavorativa e personale .

Comunicazione Diretta e Trasparente

Musk è noto per il suo stile di comunicazione diretto e trasparente. Non esita a condividere i suoi pensieri e le sue aspettative in modo chiaro e spesso brusco. Questo approccio può essere sia motivante che intimidatorio per i dipendenti. Musk utilizza frequentemente e-mail, riunioni e anche Twitter per comunicare con il suo team e il pubblico, mantenendo una linea di comunicazione aperta e immediata. Questa trasparenza aiuta a creare un senso di urgenza e a mantenere tutti allineati con la visione e gli obiettivi aziendali .

Innovazione e Cultura del Rischio

Sotto la guida di Musk, le sue aziende hanno adottato una cultura dell'innovazione e del rischio. Musk incoraggia i dipendenti a pensare fuori dagli schemi e a sfidare lo status quo. Questa cultura dell'innovazione è alimentata dalla sua tolleranza al fallimento, purché sia parte di un processo di apprendimento e miglioramento. Musk crede che assumere rischi calcolati sia essenziale per il progresso e l'innovazione, e questo atteggiamento ha portato a molte delle realizzazioni rivoluzionarie delle sue aziende, come i razzi riutilizzabili di SpaceX e i veicoli elettrici di Tesla

.

Empatia e Riconoscimento

Nonostante la reputazione di essere un capo esigente, Musk ha anche dimostrato empatia e riconoscimento verso i suoi dipendenti. È noto per premiare i membri del team che si distinguono per il loro contributo e dedizione. Ad esempio, ha elogiato pubblicamente gli ingegneri e i tecnici che hanno lavorato instancabilmente per raggiungere traguardi importanti, come il lancio dei razzi di SpaceX o il superamento delle sfide produttive di Tesla. Questo riconoscimento pubblico serve a motivare i dipendenti e a creare un senso di orgoglio e appartenenza all'interno delle sue aziende .

Adattabilità e Apprendimento Continuo

Musk è un forte sostenitore dell'apprendimento continuo e dell'adattabilità. Egli stesso è un avido lettore e studente di vari campi, e incoraggia i suoi dipendenti a fare lo stesso. Crede che la capacità di apprendere rapidamente e adattarsi ai cambiamenti sia fondamentale per il successo a lungo termine. Questa mentalità è integrata nella cultura aziendale delle sue imprese, dove l'innovazione e l'evoluzione costante sono viste come necessità per rimanere competitivi e all'avanguardia .

Conclusione

Lo stile di leadership e di management di Elon Musk è caratterizzato da una combinazione unica di visione audace, coinvolgimento dettagliato, elevati standard di eccellenza, comunicazione diretta, cultura dell'innovazione e riconoscimento dei dipendenti. Questo approccio ha portato a risultati straordinari e ha stabilito nuove norme per l'industria tecnologica e automobilistica. Tuttavia, ha anche sollevato critiche per le condizioni di lavoro intense e la pressione costante sui dipendenti. Nonostante le controversie, l'impatto di Musk come leader è innegabile, e il suo stile continua a influenzare profondamente il modo in cui le aziende tecnologiche operano e innovano.

Elon Musk è noto per il suo stile di leadership unico e talvolta controverso, che ha contribuito a definire le sue aziende e a guidarle verso successi straordinari. Il suo approccio alla leadership è caratterizzato da una combinazione di visione a lungo termine, coinvolgimento diretto, aspettative elevate e una forte enfasi sull'innovazione e il rischio.

Musk è famoso per la sua capacità di articolare una visione chiara e ambiziosa che ispira i suoi dipendenti e attira i migliori talenti del settore. Questo si vede nella sua ambizione di colonizzare Marte con SpaceX, trasformare il settore automobilistico con Tesla, e rivoluzionare l'energia con SolarCity e le batterie Tesla. Questa visione è stata una forza trainante per attirare e mantenere talenti di alto livello, nonostante le difficoltà e le pressioni che derivano dal lavorare per le sue aziende.

Uno degli aspetti distintivi del suo stile di leadership è il coinvolgimento pratico e dettagliato. Musk non si limita a delegare, ma si immerge nei dettagli tecnici dei progetti, spesso partecipando attivamente alla risoluzione dei problemi e guidando l'innovazione. Questo approccio hands-on è visibile nelle sue frequenti visite alle fabbriche Tesla, dove non esita a lavorare accanto agli ingegneri e ai tecnici per risolvere problemi produttivi. Questo livello di coinvolgimento ha permesso a Musk di mantenere un controllo diretto sulla qualità e l'innovazione, garantendo che le sue aziende rimangano all'avanguardia.

Le aspettative di Musk sono notoriamente elevate. È conosciuto per spingere i suoi dipendenti al limite, con l'obiettivo di raggiungere risultati che molti considererebbero impossibili. Questo può creare un ambiente di lavoro estremamente intenso e stressante, dove i dipendenti sono incoraggiati a lavorare lunghe ore e a dare il massimo. Nonostante le critiche che questo approccio ha sollevato, molti dei suoi dipendenti trovano l'ambiente stimolante e gratificante, attratti dalla possibilità di lavorare su progetti che possono cambiare il mondo.

La comunicazione diretta e trasparente di Musk è un altro aspetto fondamentale del suo stile di leadership. Utilizza frequentemente i social media, in particolare Twitter, per comunicare non solo con il pubblico ma anche con i dipendenti. Questo approccio ha il vantaggio di mantenere una linea di comunicazione aperta e immediata, ma può anche causare confusione e problemi di PR quando le sue dichiarazioni vengono fraintese o considerate inappropriate.

La cultura dell'innovazione e del rischio che Musk promuove nelle sue aziende è un'altra caratteristica distintiva. Egli incoraggia i dipendenti a pensare fuori dagli schemi e a sfidare lo status quo, promuovendo un ambiente dove il fallimento è visto come parte del processo di apprendimento e innovazione. Questa tolleranza al fallimento ha permesso a SpaceX di sviluppare razzi riutilizzabili e a Tesla di rivoluzionare l'industria automobilistica con veicoli elettrici di alta qualità.

Musk è anche noto per riconoscere e premiare i contributi dei suoi dipendenti. Nonostante il suo stile esigente, riconosce l'importanza del morale del team e della motivazione. Celebra i successi aziendali e individuali, spesso in modo pubblico, creando un senso di orgoglio e appartenenza tra i suoi dipendenti. Questo riconoscimento aiuta a bilanciare le pressioni del lavoro, facendo sentire i dipendenti valorizzati per i loro sforzi.

La capacità di adattamento e l'apprendimento continuo sono valori chiave nel modo di operare di Musk. Egli stesso è un avido lettore e un costante studente di varie discipline, e incoraggia i suoi dipendenti a fare lo stesso. Crede che la capacità di apprendere rapidamente e adattarsi ai cambiamenti sia essenziale per il successo a lungo termine, sia a livello personale che aziendale.

In definitiva, lo stile di leadership di Elon Musk è una combinazione di visione audace, coinvolgimento pratico, aspettative elevate, comunicazione diretta e una cultura dell'innovazione e del rischio. Questo approccio ha permesso alle sue aziende di raggiungere risultati straordinari, anche se non senza sfide e controversie. Musk continua a essere una figura polarizzante, ma la sua capacità di ispirare, guidare e innovare rimane innegabile, rendendolo uno dei leader più influenti e osservati del nostro tempo.

Elon Musk è noto per il suo stile di leadership che può essere definito audace e non convenzionale, spesso suscitando ammirazione e critiche in egual misura. Il suo approccio al management è profondamente radicato nella sua visione del futuro e nella sua filosofia di innovazione continua. Questo si riflette in vari aspetti del suo modo di operare e gestire le sue aziende, come Tesla e SpaceX.

Filosofia del "Primo Principio"

Una delle tecniche distintive di Musk è l'uso del pensiero del "primo principio". Questo metodo, ispirato dalla filosofia e dalla fisica, prevede di scomporre problemi complessi fino ai loro elementi fondamentali e ricostruirli da zero. Musk ha applicato questo approccio in molti ambiti, dal design delle batterie per Tesla alla progettazione dei razzi per SpaceX. Questo metodo non solo gli permette di innovare senza essere vincolato dalle convenzioni esistenti, ma ispira anche i suoi team a pensare in modo radicalmente diverso.

Focus Ossessivo sui Dettagli

Musk è rinomato per il suo coinvolgimento diretto e dettagliato nelle operazioni quotidiane delle sue aziende. Partecipando personalmente alla risoluzione dei problemi tecnici, dimostra una comprensione profonda delle tecnologie su cui lavorano i suoi team. Questo livello di coinvolgimento non è comune tra i CEO delle grandi aziende e permette a Musk di prendere decisioni informate e di guidare l'innovazione a un livello molto pratico.

Stile di Comunicazione Diretta

La comunicazione di Musk è diretta e trasparente, il che può essere sia un vantaggio che una fonte di tensioni. Utilizza frequentemente i social media per fare annunci e condividere i suoi pensieri, spesso bypassando i canali tradizionali di comunicazione aziendale. Questo approccio ha l'effetto di mantenere una linea di comunicazione aperta con il pubblico e i dipendenti, ma ha anche portato a controversie e malintesi, come è avvenuto con i suoi tweet su Tesla e SpaceX che hanno causato fluttuazioni nei mercati finanziari.

Spinta verso l'Innovazione e la Creatività

Musk promuove una cultura aziendale in cui l'innovazione e la creatività sono altamente valorizzate. Incoraggia i suoi dipendenti a pensare fuori dagli schemi e a prendere rischi calcolati. Questa cultura del rischio e dell'innovazione ha portato a numerose innovazioni tecnologiche e di processo, come i razzi riutilizzabili di SpaceX e i sistemi di guida autonoma di Tesla. Musk crede fermamente che l'innovazione richieda di accettare e imparare dai fallimenti, piuttosto che evitarli a tutti i costi.

Modello di Lavoro Intenso

Il ritmo di lavoro nelle aziende di Musk è notoriamente intenso. Egli stesso lavora spesso oltre 80-100 ore a settimana e si aspetta un impegno simile dai suoi dipendenti. Questa cultura del lavoro duro ha portato a critiche riguardo alle condizioni di lavoro e al bilanciamento tra vita lavorativa e personale. Tuttavia, molti dipendenti accettano questo sacrificio attratti dalla possibilità di lavorare su progetti che possono avere un impatto significativo sul futuro dell'umanità.

Flessibilità e Adattabilità

Musk è un forte sostenitore della flessibilità e dell'adattabilità, sia a livello personale che aziendale. Le sue aziende sono strutturate in modo da poter rispondere rapidamente ai cambiamenti del mercato e alle nuove opportunità tecnologiche. Questa agilità organizzativa permette a Tesla e SpaceX di rimanere competitive e di adattarsi rapidamente alle sfide e alle opportunità emergenti.

Esempio di Leadership

Musk guida con l'esempio, dimostrando un livello di dedizione e di impegno che ispira i suoi dipendenti. La sua disponibilità a lavorare fianco a fianco con i suoi team nei momenti di crisi, come durante la "production hell" della Model 3 di Tesla, crea un forte senso di unità e di missione condivisa. Questo esempio di leadership pratica e visibile rafforza la fiducia e il rispetto dei suoi dipendenti.

Compensazione e Incentivi

Musk ha adottato un approccio non convenzionale anche nella struttura della sua compensazione. Ad esempio, il suo pacchetto retributivo con Tesla è strettamente legato al raggiungimento di obiettivi aziendali estremamente ambiziosi. Questo modello di compensazione basato sulle performance allinea i suoi interessi con quelli degli azionisti e dei dipendenti, creando un forte incentivo a raggiungere risultati eccezionali.

Collaborazione Interdisciplinare

Musk promuove una forte collaborazione interdisciplinare all'interno delle sue aziende. Questo approccio permette di combinare competenze diverse per affrontare problemi complessi in modo innovativo. Ad esempio, il lavoro tra ingegneri, designer e esperti di software è cruciale per lo sviluppo delle auto elettriche di Tesla e delle tecnologie spaziali di SpaceX.

Conclusione

In sintesi, lo stile di leadership di Elon Musk è una combinazione unica di visione audace, coinvolgimento diretto, comunicazione trasparente e un impegno incrollabile per l'innovazione. Nonostante le critiche e le sfide, Musk continua a essere una figura centrale nel mondo dell'imprenditoria tecnologica, spingendo i confini di ciò che è possibile e ispirando un'intera generazione di innovatori e imprenditori. La sua capacità di mantenere una visione chiara e di guidare le sue aziende attraverso periodi di intensa crescita e innovazione è una testimonianza della sua straordinaria leadership.

- Concludi il punto in modo molto dettagliato

Lo stile di leadership di Elon Musk è caratterizzato da una combinazione unica di visione a lungo termine, coinvolgimento pratico, elevate aspettative e una forte enfasi sull'innovazione e sul rischio. Questa combinazione ha permesso alle sue aziende, come Tesla e SpaceX, di raggiungere risultati straordinari e di definire nuovi standard in settori altamente competitivi e tecnologicamente avanzati.

Visione a Lungo Termine e Ambizione Musk è un visionario che guarda al futuro con grande ottimismo, cercando di risolvere problemi complessi come l'esplorazione spaziale, la transizione verso l'energia sostenibile e il miglioramento del trasporto urbano. La sua capacità di articolare una visione chiara e ispiratrice ha attirato talenti straordinari e mobilitato risorse enormi. Le sue aziende, guidate da questa visione, hanno raggiunto traguardi che molti consideravano impossibili, come il lancio e il recupero di razzi riutilizzabili con SpaceX e la produzione di massa di veicoli elettrici con Tesla (Peoplemag).

Coinvolgimento Diretto e Dettagliato Musk è profondamente coinvolto nei dettagli operativi delle sue aziende. Partecipando attivamente alla risoluzione dei problemi tecnici, dimostra una comprensione profonda delle tecnologie su cui lavorano i suoi team. Questo livello di coinvolgimento gli consente di prendere decisioni informate e di guidare l'innovazione a un livello molto operativo, garantendo che le sue aziende rimangano all'avanguardia (Peoplemag).

Aspettative Elevate e Pressione Costante Musk è noto per le sue elevate aspettative e per la pressione costante sui dipendenti per raggiungere prestazioni eccezionali. Questo può creare un ambiente di lavoro intenso e stressante, dove i dipendenti sono spinti a dare il massimo. Tuttavia, molti trovano questo ambiente stimolante e gratificante, attratti dalla possibilità di lavorare su progetti rivoluzionari. Questo approccio ha portato a risultati straordinari, ma ha anche sollevato critiche riguardo alle condizioni di lavoro e al bilanciamento tra vita lavorativa e personale (Peoplemag) (Encyclopedia Britannica).

Comunicazione Diretta e Trasparente Musk utilizza frequentemente i social media per comunicare con il pubblico e i dipendenti, mantenendo una linea di comunicazione aperta e immediata. Questo stile di comunicazione diretto e trasparente può essere sia un vantaggio che una fonte di tensioni. Se da un lato permette di mantenere tutti allineati con la visione e gli obiettivi aziendali, dall'altro può causare confusioni e controversie, come nel caso delle sue dichiarazioni sui social media che hanno influenzato i mercati finanziari (The Independent).

Cultura dell'Innovazione e del Rischio Sotto la guida di Musk, le sue aziende hanno adottato una cultura dell'innovazione e del rischio. Egli incoraggia i dipendenti a pensare fuori dagli schemi e a sfidare lo status quo, promuovendo un ambiente dove il fallimento è visto come parte del processo di apprendimento. Questa tolleranza al fallimento ha permesso a SpaceX di sviluppare razzi riutilizzabili e a Tesla di rivoluzionare l'industria automobilistica con veicoli elettrici di alta qualità (Peoplemag).

Riconoscimento e Motivazione dei Dipendenti Musk è noto per riconoscere e premiare i contributi dei suoi dipendenti, celebrando i successi aziendali e individuali in modo pubblico. Questo riconoscimento serve a motivare i dipendenti e a creare un senso di orgoglio e appartenenza. Nonostante la pressione e le elevate aspettative, molti dipendenti trovano gratificante lavorare in un ambiente che valorizza l'innovazione e la dedizione (Encyclopedia Britannica) (Engadget).

Adattabilità e Apprendimento Continuo Musk promuove l'apprendimento continuo e l'adattabilità, sia a livello personale che aziendale. Egli stesso è un avido lettore e un costante studente di vari campi, e incoraggia i suoi dipendenti a fare lo stesso. Questa mentalità è integrata nella cultura aziendale delle sue imprese, dove l'innovazione e l'evoluzione costante sono viste come necessità per rimanere competitivi e all'avanguardia (Engadget).

Conclusione Lo stile di leadership di Elon Musk è una combinazione unica di visione audace, coinvolgimento diretto, aspettative elevate, comunicazione trasparente e una cultura dell'innovazione e del rischio. Questo approccio ha permesso alle sue aziende di raggiungere risultati straordinari e di definire nuovi standard nei rispettivi settori. Nonostante le critiche e le sfide, Musk continua a essere una figura centrale nel mondo dell'imprenditoria tecnologica, spingendo i confini di ciò che è possibile e ispirando un'intera generazione di innovatori e imprenditori. La sua capacità di mantenere una visione chiara e di guidare le sue aziende attraverso periodi di intensa crescita e innovazione è una testimonianza della sua straordinaria leadership.

16. Visione del Futuro La visione di Musk per il futuro, compresa la colonizzazione di Marte e altre idee futuristiche.

Elon Musk è noto per la sua visione audace e futuristica, che abbraccia una vasta gamma di settori tecnologici e scientifici. Questa visione non solo guida le sue aziende, ma ispira anche milioni di persone in tutto il mondo. Di seguito, esploriamo alcune delle principali idee futuristiche di Musk, tra cui la colonizzazione di Marte, l'energia sostenibile, il trasporto innovativo e le tecnologie avanzate.

Colonizzazione di Marte

Una delle idee più ambiziose di Musk è la colonizzazione di Marte. Attraverso SpaceX, Musk intende rendere l'umanità una specie multiplanetaria, con l'obiettivo finale di stabilire una colonia autosufficiente su Marte. Questo progetto è motivato dal desiderio di garantire la sopravvivenza dell'umanità in caso di catastrofi sulla Terra e di esplorare nuove frontiere. SpaceX sta sviluppando il veicolo Starship, progettato per trasportare grandi quantità di carico e persone su Marte e oltre. Musk prevede che i primi esseri umani possano atterrare su Marte entro la fine del decennio, con l'obiettivo di stabilire una colonia

autosufficiente nel corso dei prossimi decenni
([Peoplemag](#)).

Energia Sostenibile

Musk è un sostenitore fervente dell'energia sostenibile.
Attraverso Tesla e SolarCity, ha promosso lo sviluppo e
l'adozione di veicoli elettrici, sistemi di energia solare e
batterie di accumulo energetico. La missione di Tesla è
accelerare la transizione del mondo verso l'energia
sostenibile, riducendo la dipendenza dai combustibili
fossili e diminuendo le emissioni di gas serra. Musk
crede che la sostenibilità energetica sia fondamentale
per il futuro dell'umanità e ha investito pesantemente
in tecnologie che possono rendere questa visione una
realtà ([Peoplemag](#)) ([Encyclopedia Britannica](#)).

Trasporto Innovativo

Oltre ai veicoli elettrici, Musk ha altre idee
rivoluzionarie per il futuro del trasporto. Una di queste
è l'Hyperloop, un sistema di trasporto ad alta velocità
che utilizza tubi a bassa pressione per spostare capsule
a velocità superiori ai 1000 km/h. L'Hyperloop
potrebbe ridurre drasticamente i tempi di viaggio tra le
città, migliorando l'efficienza e riducendo l'impatto
ambientale del trasporto terrestre. Diverse aziende
stanno attualmente lavorando per sviluppare questa
tecnologia, ispirate dal concetto originariamente
proposto da Musk ([Peoplemag](#)) ([Autoblog](#)).

Neuralink e Interfacce Cervello-Computer

Musk ha anche fondato Neuralink, una società che
sviluppa interfacce cervello-computer (BCI).
L'obiettivo di Neuralink è creare dispositivi
impiantabili che possano migliorare le capacità umane,
trattare disturbi neurologici e, in futuro, consentire
una simbiosi tra intelligenza umana e intelligenza
artificiale. Musk vede Neuralink come un passo
fondamentale per prevenire un futuro in cui l'IA
potrebbe superare l'intelligenza umana, offrendo agli
esseri umani la possibilità di tenere il passo con le
macchine intelligenti (Autoblog).

Intelligenza Artificiale e OpenAI

Musk è stato uno dei co-fondatori di OpenAI,
un'organizzazione che si dedica allo sviluppo di
un'intelligenza artificiale sicura e benefica per
l'umanità. Musk ha espresso preoccupazioni riguardo
ai potenziali rischi dell'IA e ha sostenuto la necessità di
un approccio cauto e regolamentato. OpenAI lavora per
garantire che l'IA avanzata sia sviluppata in modo
trasparente e che i suoi benefici siano equamente
distribuiti (Peoplemag) (Encyclopedia Britannica).

The Boring Company e Tunnel Sostenibili

Un'altra delle iniziative di Musk è The Boring
Company, che ha l'obiettivo di ridurre il traffico urbano
creando una rete di tunnel sotterranei. Questi tunnel
potrebbero ospitare veicoli elettrici ad alta velocità,
come il "Loop" di Tesla, che potrebbe spostare persone
e merci rapidamente e in modo sostenibile attraverso
le città. Questo progetto mira a migliorare la mobilità

urbana riducendo la congestione e l'inquinamento ([Peoplemag](#)) ([Engadget](#)).

Conclusione

La visione di Elon Musk per il futuro è caratterizzata da un'impronta audace e innovativa, che spazia dalla colonizzazione di Marte all'energia sostenibile, passando per il trasporto rivoluzionario e le interfacce cervello-computer. Musk immagina un futuro in cui l'umanità non solo sopravvive, ma prospera attraverso l'uso responsabile e innovativo della tecnologia. Le sue idee futuristiche, spesso considerate radicali e visionarie, continuano a spingere i confini di ciò che è possibile, ispirando un'intera generazione di scienziati, ingegneri e imprenditori. Nonostante le numerose sfide e critiche, Musk rimane una figura centrale nel plasmare il futuro della tecnologia e dell'umanità, guidato da una visione che mira a migliorare la vita sulla Terra e oltre.

Elon Musk è un visionario che vede il futuro come un'opportunità per risolvere alcuni dei problemi più pressanti dell'umanità attraverso l'innovazione tecnologica. La sua visione comprende una vasta gamma di progetti ambiziosi che abbracciano l'esplorazione spaziale, l'energia sostenibile, il trasporto rivoluzionario e l'integrazione uomo-macchina.

Colonizzazione di Marte

Musk ha dichiarato ripetutamente che uno dei suoi obiettivi principali è quello di rendere l'umanità una specie multiplanetaria. Crede che la colonizzazione di Marte sia cruciale per la sopravvivenza a lungo termine della nostra specie, specialmente in caso di catastrofi naturali o causate dall'uomo sulla Terra. SpaceX sta sviluppando il veicolo spaziale Starship, progettato per essere completamente riutilizzabile e capace di trasportare fino a 100 persone su Marte. Musk prevede che i primi voli con equipaggio potrebbero avvenire entro il prossimo decennio, con l'obiettivo finale di stabilire una colonia autosufficiente che possa crescere e prosperare indipendentemente dalla Terra (Peoplemag) (Encyclopedia Britannica).

Energia Sostenibile e Veicoli Elettrici

La transizione verso l'energia sostenibile è al centro della visione di Musk. Tesla, la sua azienda di veicoli elettrici, è leader mondiale nella produzione di auto elettriche, con l'obiettivo di ridurre la dipendenza dai combustibili fossili e diminuire le emissioni di gas serra. Musk ha anche investito in tecnologie di accumulo energetico, come le batterie Powerwall e Powerpack, che permettono di immagazzinare energia solare per uso domestico e commerciale. SolarCity, ora parte di Tesla, ha promosso l'adozione di pannelli solari, contribuendo a creare un ecosistema energetico sostenibile (Peoplemag) (Encyclopedia Britannica).

Hyperloop e Trasporti Futuristici

Il concetto di Hyperloop, proposto da Musk, mira a rivoluzionare il trasporto terrestre utilizzando capsule che viaggiano a velocità supersoniche all'interno di tubi a bassa pressione. Questa tecnologia potrebbe ridurre significativamente i tempi di viaggio tra le città, migliorando l'efficienza e riducendo l'impatto ambientale del trasporto terrestre. Diverse aziende, ispirate dalla visione di Musk, stanno attualmente lavorando per sviluppare prototipi funzionanti dell'Hyperloop (Peoplemag) (Engadget).

Neuralink e Interfacce Cervello-Computer

Musk ha fondato Neuralink con l'obiettivo di sviluppare interfacce cervello-computer avanzate che possano migliorare le capacità cognitive umane e trattare disturbi neurologici. L'idea è di creare dispositivi impiantabili che permettano agli esseri umani di interagire direttamente con i computer e le intelligenze artificiali. Questo potrebbe portare a un futuro in cui l'IA e l'intelligenza umana possano lavorare insieme in modo armonioso, migliorando la qualità della vita e aprendo nuove possibilità per l'umanità (Autoblog) (Peoplemag).

The Boring Company e Tunnel Sostenibili

Musk ha anche fondato The Boring Company con l'obiettivo di risolvere il problema del traffico urbano attraverso la creazione di una rete di tunnel sotterranei. Questi tunnel potrebbero ospitare veicoli elettrici ad alta velocità, come il "Loop" di Tesla, che potrebbero spostare persone e merci rapidamente e in modo sostenibile. Questo progetto mira a migliorare la mobilità urbana riducendo la congestione e l'inquinamento, offrendo una soluzione innovativa ai problemi di trasporto delle grandi città (Peoplemag) (Engadget).

Intelligenza Artificiale e OpenAI

Musk ha co-fondato OpenAI per garantire che lo sviluppo dell'intelligenza artificiale avvenga in modo sicuro e benefico per l'umanità. Musk ha espresso preoccupazioni riguardo ai potenziali rischi dell'IA e ha sostenuto la necessità di un approccio cauto e regolamentato. OpenAI lavora per sviluppare tecnologie di IA avanzate in modo trasparente, assicurando che i benefici siano equamente distribuiti e che l'IA sia utilizzata in modo sicuro e responsabile (Peoplemag) (Encyclopedia Britannica).

Futuro dell'Esplorazione Spaziale

La visione di Musk per l'esplorazione spaziale non si limita solo a Marte. Egli vede un futuro in cui l'umanità esplorerà e colonizzerà altri pianeti e lune del sistema solare. Questo obiettivo richiede lo sviluppo di tecnologie avanzate per il volo spaziale, la vita in ambienti extraterrestri e la sostenibilità a lungo termine delle colonie spaziali. SpaceX sta lavorando non solo per rendere il volo spaziale più accessibile e meno costoso, ma anche per sviluppare le infrastrutture necessarie per supportare la vita umana oltre la Terra (Peoplemag) (Encyclopedia Britannica).

Conclusione

La visione di Elon Musk per il futuro è ambiziosa e rivoluzionaria, spingendo i confini di ciò che è possibile attraverso l'innovazione tecnologica. La sua determinazione a rendere l'umanità una specie multiplanetaria, a promuovere l'energia sostenibile, a rivoluzionare il trasporto e a integrare l'intelligenza umana e artificiale riflette una visione a lungo termine che mira a migliorare la vita sulla Terra e oltre. Nonostante le numerose sfide e critiche, Musk rimane una figura centrale nel plasmare il futuro della tecnologia e dell'umanità, guidato da una passione inesauribile per l'innovazione e il progresso.

2/2

- Concludi il punto in modo molto dettagliato

La visione di Elon Musk per il futuro è una combinazione di ambizione straordinaria, innovazione tecnologica e un profondo impegno verso la sostenibilità e l'esplorazione spaziale. La sua determinazione a risolvere problemi complessi e a spingere i confini dell'ingegneria e della scienza ha trasformato le sue idee in progetti concreti che stanno già cambiando il mondo.

Colonizzazione di Marte

La colonizzazione di Marte è forse l'aspetto più noto e audace della visione di Musk. Attraverso SpaceX, Musk sta lavorando per sviluppare la tecnologia necessaria per stabilire una presenza umana sostenibile su Marte. Il veicolo Starship, attualmente in fase di sviluppo, è progettato per essere completamente riutilizzabile e capace di trasportare un gran numero di passeggeri e carichi verso il Pianeta Rosso. Musk immagina una città autosufficiente su Marte, con infrastrutture per la produzione di energia, il sostentamento alimentare e la protezione dagli ambienti ostili. Questa colonia potrebbe fungere da "polizza assicurativa" per l'umanità, garantendo la sopravvivenza della specie in caso di catastrofi sulla Terra (Peoplemag) (Encyclopedia Britannica).

Energia Sostenibile

Un altro pilastro fondamentale della visione di Musk è la transizione verso l'energia sostenibile. Attraverso Tesla, Musk ha rivoluzionato l'industria automobilistica con veicoli elettrici all'avanguardia, riducendo la dipendenza dai combustibili fossili. Tesla non si limita ai veicoli elettrici; l'azienda produce anche batterie ad alta capacità e sistemi di energia solare, come i pannelli solari e le batterie Powerwall e Powerpack. Queste tecnologie permettono di immagazzinare energia solare e utilizzarla quando necessario, contribuendo a creare un ecosistema energetico sostenibile. Musk vede un futuro in cui l'energia rinnovabile diventa la norma, riducendo significativamente le emissioni di gas serra e combattendo il cambiamento climatico (Peoplemag) (Encyclopedia Britannica).

Hyperloop e Trasporti Innovativi

Il concetto di Hyperloop, proposto da Musk, mira a rivoluzionare il trasporto terrestre. Utilizzando capsule che viaggiano a velocità supersoniche all'interno di tubi a bassa pressione, l'Hyperloop potrebbe ridurre drasticamente i tempi di viaggio tra le città, migliorando l'efficienza e riducendo l'impatto ambientale del trasporto terrestre. Diverse aziende stanno sviluppando prototipi basati su questa idea, e Musk stesso ha avviato The Boring Company per creare tunnel sotterranei che potrebbero ospitare queste capsule ad alta velocità. Questi tunnel potrebbero anche alleviare la congestione del traffico urbano, migliorando la mobilità nelle grandi città (Peoplemag) (Autoblog).

Neuralink e Interfacce Cervello-Computer

Neuralink, fondata da Musk, mira a sviluppare interfacce cervello-computer avanzate che possano migliorare le capacità cognitive umane e trattare disturbi neurologici. Questi dispositivi impiantabili potrebbero permettere agli esseri umani di interagire direttamente con i computer e le intelligenze artificiali, aprendo nuove possibilità per la medicina e l'integrazione tecnologica. Musk vede Neuralink come un passo fondamentale per evitare un futuro in cui l'IA potrebbe superare l'intelligenza umana, offrendo agli esseri umani la possibilità di tenere il passo con le macchine intelligenti (Autoblog) (Peoplemag).

Intelligenza Artificiale e OpenAI

Musk ha co-fondato OpenAI per garantire che lo sviluppo dell'intelligenza artificiale avvenga in modo sicuro e benefico per l'umanità. Musk ha espresso preoccupazioni riguardo ai potenziali rischi dell'IA e ha sostenuto la necessità di un approccio cauto e regolamentato. OpenAI lavora per sviluppare tecnologie di IA avanzate in modo trasparente, assicurando che i benefici siano equamente distribuiti e che l'IA sia utilizzata in modo sicuro e responsabile (Peoplemag) (Encyclopedia Britannica).

The Boring Company e Tunnel Sostenibili

The Boring Company, un'altra delle iniziative di Musk, mira a risolvere il problema del traffico urbano attraverso la creazione di una rete di tunnel sotterranei. Questi tunnel potrebbero ospitare veicoli elettrici ad alta velocità, come

Elon Musk è noto per la sua visione straordinaria e futuristica che abbraccia vari settori tecnologici e scientifici. Questa visione è guidata da una combinazione di ambizione, innovazione tecnologica e un impegno verso la sostenibilità e l'esplorazione spaziale.

Colonizzazione di Marte

Uno degli obiettivi più ambiziosi di Musk è la colonizzazione di Marte. Con SpaceX, Musk intende rendere l'umanità una specie multiplanetaria. Il veicolo Starship, attualmente in fase di sviluppo, è progettato per essere completamente riutilizzabile e capace di trasportare grandi quantità di persone e merci su Marte. Musk immagina una città autosufficiente su Marte, che possa crescere e prosperare indipendentemente dalla Terra. Questo progetto non solo mira a garantire la sopravvivenza dell'umanità in caso di catastrofi sulla Terra, ma rappresenta anche un passo verso l'espansione dell'umanità nel sistema solare (Peoplemag) (Encyclopedia Britannica).

Energia Sostenibile

La transizione verso l'energia sostenibile è al centro della visione di Musk. Tesla ha rivoluzionato l'industria automobilistica con veicoli elettrici avanzati, riducendo la dipendenza dai combustibili fossili e diminuendo le emissioni di gas serra. Tesla non si limita ai veicoli elettrici; l'azienda produce anche batterie ad alta capacità e sistemi di energia solare, come i pannelli solari e le batterie Powerwall e Powerpack. Queste tecnologie permettono di immagazzinare energia solare e utilizzarla quando necessario, contribuendo a creare un ecosistema energetico sostenibile. Musk vede un futuro in cui l'energia rinnovabile diventa la norma, riducendo significativamente le emissioni di gas serra e combattendo il cambiamento climatico (Peoplemag) (Encyclopedia Britannica).

Hyperloop e Trasporti Innovativi

Il concetto di Hyperloop, proposto da Musk, mira a rivoluzionare il trasporto terrestre. Utilizzando capsule che viaggiano a velocità supersoniche all'interno di tubi a bassa pressione, l'Hyperloop potrebbe ridurre drasticamente i tempi di viaggio tra le città, migliorando l'efficienza e riducendo l'impatto ambientale del trasporto terrestre. Diverse aziende stanno sviluppando prototipi basati su questa idea, e Musk stesso ha avviato The Boring Company per creare tunnel sotterranei che potrebbero ospitare queste capsule ad alta velocità. Questi tunnel potrebbero anche alleviare la congestione del traffico urbano, migliorando la mobilità nelle grandi città (Peoplemag) (Autoblog).

Neuralink e Interfacce Cervello-Computer

Neuralink, fondata da Musk, mira a sviluppare interfacce cervello-computer avanzate che possano migliorare le capacità cognitive umane e trattare disturbi neurologici. Questi dispositivi impiantabili potrebbero permettere agli esseri umani di interagire direttamente con i computer e le intelligenze artificiali, aprendo nuove possibilità per la medicina e l'integrazione tecnologica. Musk vede Neuralink come un passo fondamentale per evitare un futuro in cui l'IA potrebbe superare l'intelligenza umana, offrendo agli esseri umani la possibilità di tenere il passo con le macchine intelligenti (Autoblog) (Peoplemag).

Intelligenza Artificiale e OpenAI

Musk ha co-fondato OpenAI per garantire che lo sviluppo dell'intelligenza artificiale avvenga in modo sicuro e benefico per l'umanità. Musk ha espresso preoccupazioni riguardo ai potenziali rischi dell'IA e ha sostenuto la necessità di un approccio cauto e regolamentato. OpenAI lavora per sviluppare tecnologie di IA avanzate in modo trasparente, assicurando che i benefici siano equamente distribuiti e che l'IA sia utilizzata in modo sicuro e responsabile (Peoplemag) (Encyclopedia Britannica).

The Boring Company e Tunnel Sostenibili

The Boring Company, un'altra delle iniziative di Musk, mira a risolvere il problema del traffico urbano attraverso la creazione di una rete di tunnel sotterranei. Questi tunnel potrebbero ospitare veicoli elettrici ad alta velocità, come il "Loop" di Tesla, che potrebbero spostare persone e merci rapidamente e in modo sostenibile. Questo progetto mira a migliorare la mobilità urbana riducendo la congestione e l'inquinamento, offrendo una soluzione innovativa ai problemi di trasporto delle grandi città (Peoplemag) (Engadget).

Futuro dell'Esplorazione Spaziale

La visione di Musk per l'esplorazione spaziale non si limita solo a Marte. Egli vede un futuro in cui l'umanità esplorerà e colonizzerà altri pianeti e lune del sistema solare. Questo obiettivo richiede lo sviluppo di tecnologie avanzate per il volo spaziale, la vita in ambienti extraterrestri e la sostenibilità a lungo termine delle colonie spaziali. SpaceX sta lavorando non solo per rendere il volo spaziale più accessibile e meno costoso, ma anche per sviluppare le infrastrutture necessarie per supportare la vita umana oltre la Terra (Peoplemag) (Encyclopedia Britannica).

Conclusione

La visione di Elon Musk per il futuro è ambiziosa e rivoluzionaria, spingendo i confini di ciò che è possibile attraverso l'innovazione tecnologica. La sua determinazione a rendere l'umanità una specie multiplanetaria, a promuovere l'energia sostenibile, a rivoluzionare il trasporto e a integrare l'intelligenza umana e artificiale riflette una visione a lungo termine che mira a migliorare la vita sulla Terra e oltre. Nonostante le numerose sfide e critiche, Musk rimane una figura centrale nel plasmare il futuro della tecnologia e dell'umanità, guidato da una passione inesauribile per l'innovazione e il progresso. Le sue idee futuristiche continuano a ispirare un'intera generazione di scienziati, ingegneri e imprenditori, dimostrando che, con visione e determinazione, il futuro può essere radicalmente diverso e migliore (Peoplemag) (Encyclopedia Britannica) (Autoblog).

17. Impatto Economico L'impatto delle sue aziende sull'economia globale e sui mercati finanziari.

Elon Musk ha avuto un impatto significativo sull'economia globale e sui mercati finanziari attraverso le sue aziende, tra cui Tesla, SpaceX, Neuralink, The Boring Company, e altre iniziative. Di seguito, esamineremo in dettaglio l'impatto economico di queste aziende e come hanno influenzato vari settori e mercati.

Tesla

Industria Automobilistica Tesla ha rivoluzionato l'industria automobilistica globale, accelerando la transizione verso veicoli elettrici (EV). La capacità di Tesla di produrre veicoli elettrici di alta qualità ha spinto molti altri produttori di auto tradizionali a investire massicciamente in tecnologie EV. Questo ha portato a una competizione aumentata nel settore, stimolando l'innovazione e contribuendo alla riduzione delle emissioni globali di CO_2.

Valore di Mercato Il valore di mercato di Tesla ha superato quello di molte delle più grandi case automobilistiche del mondo, raggiungendo un picco di oltre 800 miliardi di dollari. Questo ha reso Tesla una delle aziende più preziose del mondo e ha rafforzato la posizione di Musk come uno degli uomini più ricchi del pianeta (Encyclopedia Britannica) (Engadget).

Occupazione e Catena di Fornitura Tesla ha creato decine di migliaia di posti di lavoro diretti attraverso le sue fabbriche, tra cui la Gigafactory in Nevada e la Gigafactory Shanghai in Cina. Inoltre, ha stimolato la crescita economica nelle regioni dove operano le sue fabbriche, creando numerose opportunità di lavoro indirette attraverso la sua catena di fornitura (Encyclopedia Britannica) (Peoplemag).

SpaceX

Industria Aerospaziale SpaceX ha trasformato l'industria aerospaziale riducendo significativamente i costi del lancio spaziale grazie ai suoi razzi riutilizzabili. Questo ha aperto nuove opportunità per l'esplorazione spaziale e ha reso più accessibile il lancio di satelliti, influenzando positivamente le telecomunicazioni, l'osservazione della Terra e altre industrie spaziali (Peoplemag).

Contratti Governativi SpaceX ha ottenuto numerosi contratti governativi, inclusi quelli con la NASA per rifornire la Stazione Spaziale Internazionale (ISS) e per sviluppare il sistema di lancio Starship destinato alle missioni lunari e marziane. Questi contratti non solo portano significativi flussi di entrate per SpaceX, ma rafforzano anche la posizione degli Stati Uniti come leader nell'esplorazione spaziale (Peoplemag).

Starlink Il progetto Starlink di SpaceX mira a fornire internet a banda larga globale attraverso una costellazione di satelliti. Questo potrebbe avere un impatto economico enorme, specialmente nelle aree rurali e remote dove l'accesso a internet è limitato. Starlink ha il potenziale per trasformare le comunicazioni globali, riducendo il divario digitale e stimolando l'economia in regioni sottosviluppate (Encyclopedia Britannica) (Engadget).

Energia Sostenibile

SolarCity e Tesla Energy Attraverso SolarCity e Tesla Energy, Musk ha avuto un impatto significativo nel settore delle energie rinnovabili. L'adozione di pannelli solari e sistemi di accumulo energetico Powerwall e Powerpack ha contribuito a ridurre la dipendenza dai combustibili fossili e a promuovere un futuro energetico sostenibile. Questi prodotti stanno aiutando a stabilizzare le reti elettriche, ridurre i costi energetici e promuovere l'uso di energia rinnovabile in tutto il mondo (Autoblog) (Peoplemag).

The Boring Company

Infrastrutture di Trasporto The Boring Company mira a rivoluzionare le infrastrutture di trasporto urbano con una rete di tunnel sotterranei. Questi tunnel potrebbero ridurre significativamente la congestione del traffico nelle città, migliorando l'efficienza dei trasporti urbani. Il progetto ha il potenziale di trasformare il modo in cui le persone si spostano nelle grandi aree metropolitane, con impatti positivi sull'economia locale e sulla qualità della vita (Peoplemag) (Autoblog).

Impatto sui Mercati Finanziari

Volatilità del Mercato Le dichiarazioni pubbliche di Musk, specialmente attraverso i social media, hanno avuto un impatto significativo sui mercati finanziari. I suoi tweet riguardo Tesla, Bitcoin e altre aziende hanno causato fluttuazioni immediate nei prezzi delle azioni e delle criptovalute. Questa volatilità ha suscitato discussioni su regolamentazioni più rigide per le comunicazioni dei CEO delle aziende quotate in borsa (Peoplemag) (Encyclopedia Britannica).

Investimenti e Innovazione Le aziende di Musk hanno attratto enormi investimenti da parte di venture capital, fondi sovrani e investitori istituzionali. Questi investimenti non solo supportano l'innovazione nelle sue aziende, ma stimolano anche l'interesse e gli investimenti in settori correlati, promuovendo un ciclo di crescita e sviluppo tecnologico (Encyclopedia Britannica) (Engadget).

Crescita Economica e Creazione di Valore Nel complesso, le aziende di Musk hanno contribuito alla crescita economica globale creando nuovi mercati, stimolando l'innovazione e offrendo prodotti e servizi che migliorano la vita delle persone. La loro influenza si estende ben oltre i settori in cui operano direttamente, contribuendo alla creazione di valore economico e alla promozione di pratiche sostenibili e innovative in tutto il mondo (Peoplemag) (Autoblog).

In sintesi, l'impatto economico delle aziende di Elon Musk è vasto e multiforme, abbracciando l'industria automobilistica, l'aerospaziale, le energie rinnovabili, le infrastrutture di trasporto e i mercati finanziari globali. La sua visione e le sue innovazioni continuano a modellare il futuro dell'economia globale, promuovendo una crescita sostenibile e tecnologicamente avanzata.

18. Innovazioni Tecnologiche o Le principali innovazioni tecnologiche introdotte da Musk e il loro impatto.

Elon Musk è responsabile di una serie di innovazioni tecnologiche che hanno avuto un impatto significativo su diversi settori. Le sue principali innovazioni abbracciano l'industria automobilistica, l'esplorazione spaziale, l'energia sostenibile, le interfacce cervello-computer e i trasporti. Di seguito, esploreremo alcune delle innovazioni più importanti introdotte da Musk e il loro impatto.

Industria Automobilistica

Veicoli Elettrici di Tesla Tesla ha rivoluzionato il settore automobilistico con l'introduzione di veicoli elettrici di alta qualità e prestazioni. Il Model S, lanciato nel 2012, è stato il primo veicolo elettrico a lungo raggio e ha stabilito nuovi standard per le auto elettriche. La Model 3, introdotta nel 2017, ha reso i veicoli elettrici più accessibili al grande pubblico. Questi veicoli hanno spinto altre case automobilistiche a investire nella tecnologia EV, accelerando la transizione globale verso veicoli più sostenibili (Encyclopedia Britannica) (Peoplemag).

Autopilot e Full Self-Driving Tesla ha anche innovato nel campo della guida autonoma con il sistema Autopilot, che offre funzionalità avanzate di assistenza alla guida. Il Full Self-Driving (FSD) è progettato per permettere una guida completamente autonoma, una volta che la tecnologia sarà perfezionata e approvata dalle normative. Queste tecnologie hanno il potenziale per ridurre gli incidenti

stradali e migliorare l'efficienza dei trasporti
([Peoplemag](#)).

Esplorazione Spaziale

Razzi Riutilizzabili di SpaceX SpaceX ha
introdotto i razzi riutilizzabili, con il Falcon 9 e il
Falcon Heavy, che possono atterrare e essere rilanciati.
Questo ha ridotto significativamente i costi dei lanci
spaziali, rendendo l'esplorazione spaziale più
accessibile e sostenibile. I successi di SpaceX hanno
stimolato una nuova era di innovazione nell'industria
spaziale, aumentando la competitività e l'interesse per
l'esplorazione spaziale ([Peoplemag](#)) ([Engadget](#)).

Starship Il progetto Starship di SpaceX mira a
sviluppare un veicolo spaziale completamente
riutilizzabile capace di trasportare grandi quantità di
carico e persone verso Marte e altre destinazioni nello
spazio profondo. Questo veicolo è centrale nella visione
di Musk per la colonizzazione di Marte e l'espansione
dell'umanità nel sistema solare ([Peoplemag](#)).

Energia Sostenibile

Powerwall e Powerpack Tesla ha introdotto i
sistemi di accumulo energetico Powerwall per uso
domestico e Powerpack per uso commerciale, che
immagazzinano energia solare per l'uso futuro. Questi
prodotti aiutano a stabilizzare le reti elettriche, ridurre
i costi energetici e promuovere l'uso di energia
rinnovabile. L'adozione di queste tecnologie ha un
impatto significativo sulla riduzione delle emissioni di

carbonio e sulla promozione della sostenibilità
energetica (Autoblog) (Peoplemag).

Solar Roof Tesla ha sviluppato il Solar Roof, che
combina pannelli solari con materiali da costruzione
tradizionali per creare tetti esteticamente piacevoli e
funzionali. Questi tetti solari possono generare energia
rinnovabile

Elon Musk è responsabile di una serie di innovazioni
tecnologiche che hanno rivoluzionato vari settori. Di
seguito, esploriamo alcune delle principali innovazioni
introdotte da Musk e il loro impatto sul mondo.

Industria Automobilistica

Veicoli Elettrici di Tesla Tesla ha rivoluzionato il
settore automobilistico con i suoi veicoli elettrici ad
alte prestazioni. Il Model S, introdotto nel 2012, ha
dimostrato che le auto elettriche potevano essere
potenti e lussuose. La Model 3, lanciata nel 2017, ha
reso i veicoli elettrici più accessibili, con un prezzo base
inferiore e una produzione di massa. Questi veicoli
hanno spinto altre case automobilistiche a investire
nella tecnologia EV, accelerando la transizione globale
verso i veicoli sostenibili (Encyclopedia Britannica)
(Peoplemag).

Autopilot e Full Self-Driving Tesla ha innovato nel
campo della guida autonoma con il sistema Autopilot,
che offre funzionalità avanzate di assistenza alla guida.
Il Full Self-Driving (FSD) mira a permettere una guida
completamente autonoma. Queste tecnologie

potrebbero ridurre gli incidenti stradali e migliorare l'efficienza del traffico, cambiando radicalmente il modo in cui le persone viaggiano (Peoplemag).

Esplorazione Spaziale

Razzi Riutilizzabili di SpaceX SpaceX ha rivoluzionato l'industria spaziale con lo sviluppo di razzi riutilizzabili come il Falcon 9 e il Falcon Heavy. Questi razzi possono atterrare e essere rilanciati, riducendo significativamente i costi dei lanci spaziali. Questo ha reso l'accesso allo spazio più economico e ha stimolato una nuova era di innovazione spaziale (Peoplemag) (Engadget).

Starship Il progetto Starship di SpaceX mira a sviluppare un veicolo spaziale completamente riutilizzabile per trasportare grandi quantità di carico e persone verso Marte e altre destinazioni nello spazio profondo. Questo veicolo è centrale nella visione di Musk per la colonizzazione di Marte e l'espansione dell'umanità nel sistema solare (Peoplemag).

Energia Sostenibile

Powerwall e Powerpack Tesla ha introdotto i sistemi di accumulo energetico Powerwall per uso domestico e Powerpack per uso commerciale, che immagazzinano energia solare per l'uso futuro. Questi prodotti aiutano a stabilizzare le reti elettriche, ridurre i costi energetici e promuovere l'uso di energia rinnovabile. L'adozione di queste tecnologie ha un impatto significativo sulla riduzione delle emissioni di carbonio e sulla promozione della sostenibilità energetica (Autoblog) (Peoplemag).

Solar Roof Tesla ha sviluppato il Solar Roof, che combina pannelli solari con materiali da costruzione tradizionali per creare tetti esteticamente piacevoli e funzionali. Questi tetti solari possono generare energia rinnovabile, contribuendo a ridurre la dipendenza dai combustibili fossili e abbassare le bollette energetiche (Peoplemag) (Encyclopedia Britannica).

Trasporto Innovativo

Hyperloop Il concetto di Hyperloop, proposto da Musk, mira a rivoluzionare il trasporto terrestre utilizzando capsule che viaggiano a velocità supersoniche all'interno di tubi a bassa pressione. Questa tecnologia potrebbe ridurre drasticamente i tempi di viaggio tra le città, migliorando l'efficienza e riducendo l'impatto ambientale del trasporto terrestre. Diverse aziende stanno sviluppando prototipi basati su questa idea (Peoplemag) (Autoblog).

The Boring Company The Boring Company, un'altra delle iniziative di Musk, mira a risolvere il problema del traffico urbano attraverso la creazione di una rete di tunnel sotterranei. Questi tunnel potrebbero ospitare veicoli elettrici ad alta velocità, come il "Loop" di Tesla, migliorando la mobilità urbana e riducendo la congestione e l'inquinamento (Peoplemag) (Autoblog).

Interfacce Cervello-Computer

Neuralink Neuralink, fondata da Musk, mira a sviluppare interfacce cervello-computer avanzate che possano migliorare le capacità cognitive umane e trattare disturbi neurologici. Questi dispositivi impiantabili potrebbero permettere agli esseri umani di interagire direttamente con i computer e le intelligenze artificiali, aprendo nuove possibilità per la medicina e l'integrazione tecnologica. Questa tecnologia ha il potenziale di trasformare il modo in cui trattiamo le malattie neurologiche e di migliorare significativamente la qualità della vita (Autoblog) (Peoplemag).

Conclusione

Elon Musk ha introdotto innovazioni tecnologiche che stanno cambiando il mondo in modi profondi e significativi. Dalla rivoluzione dei veicoli elettrici con Tesla alla riduzione dei costi dei lanci spaziali con SpaceX, fino alle soluzioni sostenibili di energia e trasporto, le sue iniziative stanno modellando il futuro dell'umanità. Le sue tecnologie non solo migliorano l'efficienza e riducono l'impatto ambientale, ma aprono anche nuove possibilità per l'esplorazione spaziale e l'interazione umana con le macchine. Musk continua a spingere i confini dell'innovazione, dimostrando che con visione, determinazione e tecnologia avanzata, possiamo affrontare alcune delle sfide più grandi del nostro tempo e costruire un futuro migliore per tutti.

19. Cultura Pop e Influenzare la Società Come Musk è diventato una figura della cultura pop e la sua influenza sulla società e sulla cultura.

Elon Musk è diventato una figura centrale della cultura pop contemporanea, influenzando la società non solo attraverso le sue innovazioni tecnologiche, ma anche attraverso la sua presenza sui social media, le sue apparizioni pubbliche e il modo in cui è rappresentato nei media. Di seguito, esploriamo come Musk è diventato un'icona della cultura pop e il suo impatto sulla società.

Presenza sui Social Media

Musk è noto per la sua attività sui social media, in particolare su Twitter, dove ha oltre 100 milioni di follower. Utilizza la piattaforma non solo per annunci aziendali, ma anche per condividere i suoi pensieri personali, rispondere ai fan e talvolta fare commenti controversi. Questa presenza diretta e non filtrata lo ha reso una figura accessibile e ha rafforzato il suo status di icona della cultura pop. I suoi tweet possono avere un impatto immediato sui mercati finanziari, sulle percezioni pubbliche e sulla cultura popolare (Peoplemag) (Encyclopedia Britannica).

Apparizioni Pubbliche e Media

Le apparizioni pubbliche di Musk, come le interviste, le partecipazioni a podcast e i talk show, hanno contribuito a consolidare la sua immagine pubblica. È apparso in programmi come "Saturday Night Live" e il "Joe Rogan Experience", dove ha mostrato una personalità affabile e talvolta eccentrica. Queste apparizioni hanno amplificato la sua presenza nella cultura pop, rendendolo una figura familiare non solo nel mondo tecnologico, ma anche nel mainstream (Peoplemag) (Engadget).

Rappresentazione nei Media

Musk è spesso rappresentato nei media come una figura che combina gli archetipi del genio visionario e dell'imprenditore audace. Film, serie TV e documentari hanno esplorato la sua vita e le sue imprese, aumentando la sua notorietà. Ad esempio, è stato oggetto del documentario "Elon Musk: The Real Life Iron Man" e ha ispirato il personaggio di Tony Stark/Iron Man nel Marvel Cinematic Universe, interpretato da Robert Downey Jr. (Peoplemag) (Encyclopedia Britannica).

Impatto sulla Cultura e la Società

Innovazione e Ispirazione Musk ha ispirato una nuova generazione di imprenditori e innovatori. Le sue idee audaci e la sua capacità di realizzarle hanno dimostrato che è possibile affrontare grandi sfide attraverso l'innovazione tecnologica. Questo ha spinto molti giovani a intraprendere carriere nell'ingegneria, nella tecnologia e nell'imprenditoria, contribuendo a una cultura di innovazione continua (Peoplemag).

Promozione della Sostenibilità Attraverso Tesla e Solar

Elon Musk: Una Figura della Cultura Pop e la Sua Influenza sulla Società

Elon Musk è diventato una delle figure più iconiche della cultura pop contemporanea, grazie alle sue innovazioni tecnologiche, alla sua presenza sui social media e alle sue numerose apparizioni pubbliche. Di seguito, esploriamo come Musk ha raggiunto questo status e il suo impatto sulla società e la cultura.

Presenza sui Social Media

Musk è estremamente attivo su Twitter, dove interagisce direttamente con milioni di follower. Utilizza la piattaforma per fare annunci aziendali, rispondere ai fan, e condividere pensieri e meme. Questa comunicazione diretta e informale ha contribuito a costruire la sua immagine pubblica, rendendolo accessibile e avvicinando il pubblico alle sue visioni e idee. I suoi tweet hanno un impatto significativo non solo sul pubblico ma anche sui mercati finanziari, influenzando il prezzo delle azioni di Tesla e altre criptovalute come Bitcoin e Dogecoin (Peoplemag) (Encyclopedia Britannica).

Apparizioni Pubbliche e Media

Le apparizioni pubbliche di Musk hanno rafforzato il suo status di icona della cultura pop. Ha partecipato a programmi televisivi come "Saturday Night Live", dove ha mostrato il suo lato più umoristico e personale.

Inoltre, le sue interviste e partecipazioni a podcast, come il "Joe Rogan Experience", dove ha discusso di vari argomenti, dalla tecnologia alla filosofia, hanno permesso al pubblico di vedere un lato più personale e riflessivo di Musk (Peoplemag) (Engadget).

Rappresentazione nei Media

Musk è stato rappresentato nei media in vari modi, spesso come un genio visionario e un imprenditore audace. La sua immagine ha ispirato personaggi di film e serie TV, tra cui Tony Stark/Iron Man del Marvel Cinematic Universe. Inoltre, documentari come "Elon Musk: The Real Life Iron Man" hanno esplorato la sua vita e le sue imprese, aumentando ulteriormente la sua notorietà (Peoplemag) (Encyclopedia Britannica).

Impatto sulla Cultura e la Società

Innovazione e Ispirazione Musk ha ispirato una nuova generazione di imprenditori e innovatori. Le sue idee audaci e la capacità di realizzarle hanno dimostrato che è possibile affrontare grandi sfide attraverso l'innovazione tecnologica. Questo ha spinto molti giovani a intraprendere carriere nell'ingegneria, nella tecnologia e nell'imprenditoria, contribuendo a una cultura di innovazione continua (Peoplemag).

Promozione della Sostenibilità Attraverso Tesla e SolarCity, Musk ha promosso la sostenibilità ambientale, rendendo mainstream l'uso di veicoli elettrici e l'energia solare. Questi sforzi hanno contribuito a un maggiore consapevolezza ambientale e hanno influenzato politiche e pratiche aziendali in tutto il mondo. La sua visione di un futuro sostenibile ha ispirato sia individui che organizzazioni a prendere azioni concrete per ridurre l'impatto ambientale (Encyclopedia Britannica) (Autoblog).

Rivoluzione del Trasporto Con progetti come Hyperloop e The Boring Company, Musk sta cercando di rivoluzionare il trasporto terrestre, rendendolo più efficiente e sostenibile. Questi progetti hanno il potenziale di trasformare la mobilità urbana, riducendo il traffico e l'inquinamento nelle città. La sua capacità di combinare visione e implementazione pratica ha stimolato l'interesse pubblico e l'investimento in nuove tecnologie di trasporto (Peoplemag).

Influenza sui Mercati Finanziari Le dichiarazioni pubbliche e i tweet di Musk hanno un impatto immediato sui mercati finanziari. I suoi commenti su Bitcoin e altre criptovalute hanno causato fluttuazioni significative nei loro prezzi, dimostrando il potere della sua influenza. Questa capacità di influenzare i mercati ha sollevato discussioni su regolamentazioni e responsabilità delle figure pubbliche nel gestire le informazioni finanziarie (Encyclopedia Britannica) (Peoplemag).

Conclusione

Elon Musk è diventato una figura centrale della cultura pop moderna grazie alla sua innovazione tecnologica, alla sua presenza sui social media e alle sue numerose apparizioni pubbliche. La sua influenza si estende oltre il mondo degli affari, toccando aspetti della vita quotidiana e ispirando una nuova generazione di innovatori e imprenditori. Attraverso le sue aziende, ha promosso la sostenibilità, rivoluzionato il trasporto e aperto nuove frontiere nell'esplorazione spaziale, lasciando un'impronta indelebile sulla società e la cultura globale.

20. Conclusioni Riflessioni finali sul contributo di Musk alla scienza, alla tecnologia e al futuro dell'umanità.

Conclusioni

Elon Musk ha lasciato un'impronta indelebile sulla scienza, la tecnologia e il futuro dell'umanità attraverso le sue molteplici iniziative e innovazioni. Le sue aziende, Tesla, SpaceX, Neuralink, The Boring Company e altre, hanno non solo rivoluzionato i loro rispettivi settori, ma hanno anche ispirato milioni di persone a sognare e lavorare per un futuro migliore.

Contributo alla Scienza e alla Tecnologia

Innovazioni Rivoluzionarie Musk ha introdotto una serie di innovazioni tecnologiche che hanno avuto un impatto profondo su diversi settori. Tesla ha dimostrato che i veicoli elettrici possono essere potenti, efficienti e desiderabili, accelerando la transizione globale verso un'energia più pulita. SpaceX ha abbassato significativamente i costi del lancio spaziale con i suoi razzi riutilizzabili, aprendo nuove opportunità per l'esplorazione spaziale e la commercializzazione dello spazio (Encyclopedia Britannica) (Peoplemag).

Tecnologie Pionieristiche Neuralink sta esplorando le frontiere delle interfacce cervello-computer, con il potenziale di trattare disturbi neurologici e migliorare le capacità cognitive umane. The Boring Company sta lavorando per rivoluzionare il trasporto urbano con tunnel sotterranei che potrebbero alleviare la congestione del traffico e ridurre l'inquinamento (Autoblog) (Peoplemag).

Impatto sulla Società

Promozione della Sostenibilità Attraverso Tesla e SolarCity, Musk ha promosso l'adozione di tecnologie energetiche sostenibili, contribuendo a combattere il cambiamento climatico e ridurre la dipendenza dai combustibili fossili. Le sue iniziative hanno spinto sia le aziende che i governi a prendere più seriamente l'energia rinnovabile e a investire in tecnologie pulite (Encyclopedia Britannica) (Autoblog).

Ispirazione per le Nuove Generazioni La capacità di Musk di immaginare e realizzare idee audaci ha ispirato una nuova generazione di imprenditori, ingegneri e scienziati. La sua visione di un futuro sostenibile e interplanetario ha motivato molti a intraprendere carriere nel campo della scienza e della tecnologia, contribuendo a una cultura di innovazione continua (Peoplemag) (Engadget).

Visione del Futuro

Colonizzazione di Marte Musk ha una visione audace per il futuro dell'umanità che include la colonizzazione di Marte. Attraverso SpaceX, sta lavorando per rendere possibile l'insediamento umano su Marte, un obiettivo che mira a garantire la sopravvivenza a lungo termine della specie umana e a esplorare nuove frontiere (Peoplemag) (Encyclopedia Britannica).

Rivoluzione del Trasporto Con progetti come Hyperloop e The Boring Company, Musk sta cercando di rivoluzionare il trasporto terrestre, rendendolo più veloce, efficiente e sostenibile. Questi progetti hanno il potenziale di trasformare la mobilità urbana e interurbana, migliorando la qualità della vita nelle città e riducendo l'impatto ambientale dei trasporti (Peoplemag).

Riflessioni Finali

Elon Musk ha dimostrato che con visione, determinazione e tecnologia, è possibile affrontare alcune delle sfide più grandi del nostro tempo. Le sue innovazioni hanno migliorato la vita di milioni di persone e hanno aperto nuove possibilità per il futuro. La sua capacità di combinare imprenditorialità e ingegneria ha portato a progressi significativi in vari campi, dalla sostenibilità energetica all'esplorazione spaziale.

Musk continua a spingere i confini di ciò che è possibile, ispirando un'intera generazione a sognare in grande e a lavorare per realizzare un futuro migliore. Le sue idee e le sue aziende non solo risolvono problemi immediati, ma gettano anche le basi per un futuro più sostenibile, tecnologicamente avanzato e interplanetario.

In conclusione, il contributo di Elon Musk alla scienza, alla tecnologia e al futuro dell'umanità è incommensurabile. Attraverso le sue innovazioni e la sua visione audace, ha trasformato industrie, ispirato persone e creato un impatto duraturo sul mondo. La sua eredità continuerà a influenzare il progresso tecnologico e la società per molti anni a venire (Peoplemag) (Encyclopedia Britannica) (Autoblog).

- concludi il libro riassumendo tutti i punti e dando informazioni su siti web o altre guide utili per l'utente finale

Conclusioni e Riepilogo

Elon Musk ha avuto un impatto straordinario sulla scienza, la tecnologia e la società moderna. Il suo percorso, dalle sue prime esperienze imprenditoriali fino alla guida di aziende rivoluzionarie, mostra una visione audace e una determinazione incrollabile. Ecco un riepilogo dei punti principali trattati nel libro:

1. **Introduzione**: Elon Musk è una delle figure più influenti del nostro tempo, noto per la sua

capacità di innovare e cambiare interi settori industriali.

2. **Infanzia e Gioventù**: Nato in Sudafrica, Musk ha dimostrato sin da giovane un grande interesse per la tecnologia e l'imprenditoria, influenzato da una famiglia con una forte etica del lavoro.

3. **Formazione e Studi**: Musk ha studiato fisica ed economia, dimostrando presto una mente brillante e curiosa, che lo ha portato a sviluppare idee innovative.

4. **Le Prime Imprese**: Con Zip2 e X.com (che diventerà PayPal), Musk ha dimostrato la sua capacità di creare e vendere aziende di successo.

5. **La Visione di SpaceX**: SpaceX ha rivoluzionato l'industria spaziale con razzi riutilizzabili, rendendo l'esplorazione spaziale più accessibile e sostenibile.

6. **Tesla e la Rivoluzione dell'Elettrico**: Tesla ha cambiato il mercato automobilistico, promuovendo veicoli elettrici di alta qualità e contribuendo alla riduzione delle emissioni di CO_2.

7. **SolarCity e l'Energia Sostenibile**: Attraverso SolarCity e Tesla Energy, Musk ha promosso l'energia solare e i sistemi di accumulo energetico, avanzando la sostenibilità energetica.

8. **Hyperloop e il Futuro del Trasporto**: L'Hyperloop è un progetto rivoluzionario che mira a creare un sistema di trasporto terrestre ad altissima velocità.

9. **Neuralink e il Futuro della Neuroscienza**: Neuralink sta sviluppando interfacce cervello-computer per migliorare le capacità cognitive umane e trattare disturbi neurologici.

10. **The Boring Company**: Questa iniziativa mira a ridurre la congestione del traffico urbano attraverso la costruzione di tunnel sotterranei.

11. **Intelligenza Artificiale e OpenAI**: Musk è co-fondatore di OpenAI, che lavora per sviluppare intelligenza artificiale sicura e benefica per l'umanità.

12. **Progetti Filantropici**: Musk è impegnato in numerose attività filantropiche, supportando cause come l'educazione, la ricerca scientifica e l'energia sostenibile.

13. **Controversie e Critiche**: Musk è una figura polarizzante, noto per le sue dichiarazioni controverse e le sfide legali, ma anche per la sua trasparenza e determinazione.

14. **Vita Personale**: La vita personale di Musk è complessa e pubblicamente discussa, con relazioni, figli e una costante attenzione mediatica.

15. **Leadership e Stile di Management**: Musk è noto per il suo stile di leadership diretto e coinvolgente, con elevate aspettative e un forte focus sull'innovazione.

16. **Visione del Futuro**: Musk immagina un futuro sostenibile e interplanetario, con l'umanità che esplora e colonizza altri pianeti.

17. **Impatto Economico**: Le aziende di Musk hanno avuto un impatto significativo sull'economia globale, promuovendo l'innovazione e creando valore economico.

18. **Innovazioni Tecnologiche**: Le sue innovazioni hanno rivoluzionato vari settori, migliorando la vita delle persone e aprendo nuove possibilità.

19. **Cultura Pop e Influenzare la Società**: Musk è diventato una figura centrale della cultura pop, influenzando la società attraverso la sua presenza mediatica e il suo impatto culturale.

Risorse Utili e Siti Web

Per approfondire ulteriormente su Elon Musk e le sue aziende, ecco alcune risorse utili:

- **Sito ufficiale di Tesla**: Tesla

- **Sito ufficiale di SpaceX**: SpaceX

- **Sito ufficiale di Neuralink**: Neuralink

- **Sito ufficiale di The Boring Company**: The Boring Company

- **Sito ufficiale di OpenAI**: OpenAI

Guide e Letture Consigliate

- **Biografie di Elon Musk**:

    - "Elon Musk: Tesla, SpaceX, and the Quest for a Fantastic Future" di Ashlee Vance.

- **Libri sulle sue aziende**:

    - "Tesla: How Elon Musk and Company Made Electric Cars Cool, and Remade the Automotive and Energy Industries" di Charles Morris.

    - "The Space Barons: Elon Musk, Jeff Bezos, and the Quest to Colonize the Cosmos" di Christian Davenport.

Conclusione

Elon Musk ha dimostrato che con visione, determinazione e innovazione, è possibile affrontare e risolvere alcune delle sfide più grandi del nostro tempo. Le sue aziende e iniziative continuano a modellare il futuro della tecnologia e dell'umanità, ispirando nuove generazioni a sognare in grande e a lavorare per realizzare un futuro migliore. La sua eredità, caratterizzata da audacia e innovazione, continuerà a influenzare la società per molti anni a venire.

- Dammi un titolo e un sottotitolo in modo molto dettagliato per questo libro

Titolo del Libro

"Elon Musk: Architetto del Futuro"

Sottotitolo

"Come l'Innovazione e la Visione di un Genio Stanno Rivoluzionando la Terra e Oltre"

Questo titolo e sottotitolo riflettono in modo dettagliato e completo il contenuto del libro, evidenziando la portata delle innovazioni di Elon Musk e il suo impatto significativo su vari settori tecnologici e sulla società. Il termine "Architetto del Futuro" sottolinea il ruolo pionieristico di Musk nel progettare un futuro sostenibile e interplanetario, mentre il sottotitolo specifica le aree chiave del suo contributo: l'innovazione e la visione.

- Fammi una descrizione molto dettagliata di questo libro

Descrizione del Libro

"Elon Musk: Architetto del Futuro"

Sottotitolo: "Come l'Innovazione e la Visione di un Genio Stanno Rivoluzionando la Terra e Oltre"

Descrizione Dettagliata:

Questo libro offre un'esplorazione approfondita e dettagliata della vita, delle innovazioni e delle ambizioni di Elon Musk, una delle figure più influenti e controverse del nostro tempo. Dalle sue prime esperienze imprenditoriali fino alla leadership di aziende rivoluzionarie, il libro racconta come Musk ha trasformato settori chiave dell'industria tecnologica e dell'energia, lasciando un'impronta indelebile sulla società e sul futuro dell'umanità.

Contenuti del Libro:

1. Introduzione Il libro si apre con una panoramica su chi è Elon Musk, delineando il suo impatto sul mondo moderno. Viene descritto come un visionario che ha saputo trasformare le sue idee audaci in realtà concrete, influenzando profondamente la tecnologia e l'economia globale.

2. Infanzia e Gioventù Un'esplorazione delle radici di Musk, dalla sua nascita in Sudafrica alle esperienze formative che hanno plasmato la sua mente innovativa. Il capitolo descrive la sua educazione, le prime influenze e le sfide personali che ha affrontato.

3. Formazione e Studi Il percorso educativo di Musk, dalle scuole superiori fino all'università. Viene evidenziato il suo trasferimento negli Stati Uniti e come la sua formazione in fisica ed economia abbia preparato il terreno per le sue future imprese.

4. Le Prime Imprese Una dettagliata narrazione delle sue prime avventure imprenditoriali, tra cui Zip2 e X.com, che poi si è evoluta in PayPal. Il capitolo esamina come queste esperienze abbiano forgiato la sua visione imprenditoriale.

5. La Visione di SpaceX Descrizione della fondazione di SpaceX, le sfide iniziali e i successi che hanno rivoluzionato l'industria spaziale. Viene esplorato il concetto dei razzi riutilizzabili e il progetto Starship, con l'obiettivo di colonizzare Marte.

6. Tesla e la Rivoluzione dell'Elettrico Il libro esplora come Musk ha trasformato Tesla in un leader globale nei veicoli elettrici, promuovendo la sostenibilità e l'innovazione nel settore automobilistico. Viene discusso l'impatto dei veicoli elettrici e delle tecnologie di guida autonoma.

7. SolarCity e l'Energia Sostenibile Analisi della creazione e integrazione di SolarCity in Tesla, e del ruolo cruciale dell'energia solare nella visione di Musk per un futuro sostenibile. Il capitolo discute anche le batterie Powerwall e Powerpack.

8. Hyperloop e il Futuro del Trasporto Descrizione del concetto di Hyperloop e del suo potenziale impatto sui trasporti globali, riducendo i tempi di viaggio e migliorando l'efficienza dei trasporti terrestri.

9. Neuralink e il Futuro della Neuroscienza
Esplorazione del progetto Neuralink, le sue ambizioni
per migliorare le capacità cognitive umane e le
implicazioni etiche di queste innovazioni.

10. The Boring Company Esame dell'idea dietro
The Boring Company e dei progetti di infrastrutture
per il trasporto sotterraneo che potrebbero
rivoluzionare la mobilità urbana.

11. Intelligenza Artificiale e OpenAI Il
coinvolgimento di Musk nell'IA, le preoccupazioni
etiche e il ruolo di OpenAI nello sviluppo di tecnologie
IA sicure e benefiche per l'umanità.

12. Progetti Filantropici Le attività filantropiche di
Musk, inclusi i contributi alla ricerca, all'educazione e
ad altre cause umanitarie.

13. Controversie e Critiche Una discussione sulle
principali controversie che hanno coinvolto Musk, le
critiche ricevute e le sue risposte a queste sfide.

14. Vita Personale Aspetti della vita privata di Musk,
comprese le relazioni personali e familiari, e come
queste abbiano influenzato la sua carriera.

15. Leadership e Stile di Management Analisi del
suo stile di leadership, del suo approccio al
management e delle sue interazioni con i dipendenti.

16. Visione del Futuro Descrizione della visione di
Musk per il futuro, inclusa la colonizzazione di Marte e
altre idee futuristiche.

17. Impatto Economico Esame dell'impatto delle sue aziende sull'economia globale e sui mercati finanziari.

18. Innovazioni Tecnologiche Le principali innovazioni tecnologiche introdotte da Musk e il loro impatto sui vari settori.

19. Cultura Pop e Influenza sulla Società Come Musk è diventato una figura della cultura pop e la sua influenza sulla società e la cultura.

20. Conclusioni Riflessioni finali sul contributo di Musk alla scienza, alla tecnologia e al futuro dell'umanità. Vengono forniti anche suggerimenti di risorse e guide per approfondire ulteriormente l'argomento.

Risorse Utili e Siti Web

Per coloro che desiderano approfondire ulteriormente, il libro fornisce una lista di risorse online e letture consigliate:

- **Sito ufficiale di Tesla**: Tesla
- **Sito ufficiale di SpaceX**: SpaceX
- **Sito ufficiale di Neuralink**: Neuralink
- **Sito ufficiale di The Boring Company**: The Boring Company
- **Sito ufficiale di OpenAI**: OpenAI

Guide e Letture Consigliate:

- "Elon Musk: Tesla, SpaceX, and the Quest for a Fantastic Future" di Ashlee Vance

- "Tesla: How Elon Musk and Company Made Electric Cars Cool, and Remade the Automotive and Energy Industries" di Charles Morris

- "The Space Barons: Elon Musk, Jeff Bezos, and the Quest to Colonize the Cosmos" di Christian Davenport

Conclusione

"Elon Musk: Architetto del Futuro" è un libro che offre una visione completa e dettagliata dell'impatto straordinario di Elon Musk sulla scienza, la tecnologia e la società. Attraverso le sue innovazioni e la sua visione audace, Musk ha trasformato interi settori industriali e ha ispirato milioni di persone a sognare e lavorare per un futuro migliore. Questo libro è una risorsa essenziale per chiunque sia interessato a comprendere meglio uno degli innovatori più influenti del nostro tempo e il suo contributo al progresso dell'umanità.